Die Strumpfbandnattern

Biologie, Verbreitung, Haltung

Frank Mutschmann

Die Neue Brehm-Bücherei Bd. 620
Westarp Wissenschaften · Magdeburg · 1995

Die Deutsche Bibliothek — CIP-Einheitsaufnahme

Mutschmann, Frank:
Die Strumpfbandnattern: Biologie, Verbreitung, Haltung /
Frank Mutschmann. – Magdeburg: Westarp-Wiss., 1995
(Die Neue Brehm-Bücherei; Bd. 620)
ISBN 3-89432-427-9
NE: GT

Titelbild: *Thamnophis sirtalis sirtalis* (Östliche Strumpfbandnatter).
Foto: TETZLAFF.

Satz und Layout: Heinz-Jürgen Kullmann, Dortmund
Druck und Bindung: Hartmann, Ahaus

Meinen Kindern Steffi und Michael

Inhaltsverzeichnis

"SYSTEMATIC WORKERS ALL CAREFUL AVOID SUBJECT OF OPHIDIANS, EACH WAITING FOR THE OTHERS TO MAKE THE FIRST STEP ..."

BAIRD, 1853

Vorbemerkungen

Strumpfband- oder Bändernattern (*Thamnophis* FITZINGER, 1843) sind neben den Klapperschlangen (*Crotalus*- und *Sistrurus*-Arten) typische Repräsentanten der Schlangenfauna Nord- und Mittelamerikas. Ihr Verbreitungsgebiet erstreckt sich vom zentralen Costa Rica bis nahe an die arktischen Gebiete Kanadas.

In Europa erfreuen sie sich seit geraumer Zeit großer Beliebtheit als Terrarientiere und werden als leicht zu pflegende Schlangen allenthalben im Handel angeboten. Bereits ZERNECKE (1913) empfiehlt sie in seinem »Leitfaden für Aquarien- und Terrarienfreunde« als ungemein interessante und schöne Pflegeobjekte. Da in den letzten Jahren das Bedürfnis breiter Bevölkerungskreise an einer vivaristischen und naturverbundenen Freizeitgestaltung einerseits rapide gewachsen ist, andererseits ein erschreckender Rückgang von Amphibien und Reptilien in ihren natürlichen Lebensräumen zu verzeichnen ist, gewinnt der Aspekt einer verantwortungsbewußten Bereitstellung geeigneter Terrarientiere an Bedeutung und ist häufig Ursache kontrovers geführter Diskussionen zwischen Naturschützern und Terrarianern. In diesem, mitunter leidenschaftlich geführtem Streit wird häufig die Tatsache außer acht gelassen, daß eine intensive Beschäftigung mit Reptilien, wie auch mit anderen Heimtieren, die Basis für ein engagiertes Eintreten für den Schutz bedrohter Natur im nationalen wie auch internationalen Rahmen bildet. Es steht außer Frage, daß gerade Terrarianer wesentlich dazu beigetragen haben, wissenschaftlich fundierte Erkenntnisse über eine Vielzahl von Reptilien- und Amphibienarten, ihrer Lebensweise und biologischen Besonderheiten zu gewinnen. Solche Detailkenntnis, gepaart mit feldherpetologisch ermitteltem Wissen, kann eine solide Grundlage für den Schutz natürlicher Reptilienpopulationen bilden. Diese Tatsache darf natürlich nicht den Blick auf negative Seiten des internationalen Geschäftes mit exotischen Tieren verschleiern.

Da europäische und heimische Amphibien und Reptilien aufgrund der Bedrohung ihrer natürlichen Existenz nicht gehandelt und nur über Ausnahmegenehmigungen in Privathand gehalten werden dürfen, bleibt nur die Möglichkeit, exotische Tiere zu erwerben. Aus heutiger Sicht sollte die Haltung solcher Tiere immer die Vermehrung zum Ziel haben. Die gezielte Nachzucht kann wesentlich zur Verringerung von Importen und zur Befriedigung der Nachfrage beitragen, zumal Nachzuchttiere in der Regel günstigere Voraussetzungen für eine erfolgreiche Terrarienhaltung bieten, als das bei Wildfängen der Fall ist.

Strumpfband- oder Bändernattern können bei Einhaltung der notwendigen Voraussetzungen durch den Terrarianer über Generationen hinweg gehalten und vermehrt werden. Ihr geringer Anspruch hinsichtlich der Terrariengröße, Ernährung und Pflege läßt sie für die Heimtierhaltung lukrativ erscheinen. Die tagaktive Lebensweise sowie ihr ansprechendes Erscheinungsbild machen sie für Freizeitherpetologen zusätzlich interessant.

Obwohl wissenschaftlich tiefgründig bearbeitet, werden durch die Arbeit zumeist nordamerikanischer Herpetologen fast täglich neue Erkenntnisse über diese Tiergruppe gewonnen. Trotzdem ist der taxonomische Status einiger Arten bis heute noch unbefriedigend geklärt und nicht selten Anlaß heftiger wissenschaftlicher Diskussionen. Den interessierten Laien verwirrt die Vielzahl in der Literatur zu findender Synonyma. Manche Literaturquellen sind nur unter erheblichem Aufwand zugänglich, entsprechend teuer, und stehen somit kaum zur Verfügung. Im deutschsprachigen Schrifttum fehlen umfassende Übersichten über die Strumpfbandnattern, die der Vielfalt der Arten und ihrer differenzierten Lebensformen annähernd entsprächen. Das hat unter anderem zur Folge, daß Haltungsfehler durchaus häufig zum Verlust der Tiere führen und im Fachhandel nur im Ausnahmefall befriedigend über ihre Ansprüche Auskunft erteilt werden kann. Der hiermit vorliegende Brehm-Band soll einen zusammenfassenden, dem aktuellen Wissensstand entsprechenden, kurzen Überblick über die Biologie der *Thamnophis*-Arten, ihre Einordnung in das natürliche Ökosystem, ihre Lebensweise, Fortpflanzung und die Anforderungen an eine erfolgreiche Haltung und Vermehrung in menschlicher Obhut geben. Intensive Studien der Originalliteratur, eigene langjährige Erfahrungen mit der Pflege verschiedener Arten, die Kenntnisse zahlreicher Terrarianer und nicht zuletzt viele sachdienliche Hinweise professioneller Herpetologen sind in den Band eingeflossen. Die Fülle heute vorhandener wissenschaftlicher Daten, die über Strumpfbandnattern gewonnen wurden, kann in diesem Rahmen lediglich angedeutet werden, viele Details müssen bei Interesse dem Studium des originären Schrifttums vorbehalten bleiben. Trotzdem hoffe ich, daß mit diesem Band eine Lücke in der Literatur gefüllt wird. Sollte es gelungen sein, dem Leser diese Schlangen näher zu bringen, das Wissen über ihre Lebensweise zu vertiefen und um einige Fakten zu erweitern, so wäre die Zielstellung erfüllt.

Berlin, im Sommer 1993 — Frank Mutschmann

1 Die zoologische Einordnung der Strumpfbandnattern und ihre Entwicklungsgeschichte

1.1 Zoologische Einordnung

Wie ihr Trivialname bereits sagt, gehören Strumpfband- und Bändernattern zur Familie der Nattern (Colubridae GRAY, 1825), welche wiederum die primitiveren Gattungen der Oberfamilie Colubroidea FITZINGER, 1862 (Coenophidia HOFFSTETTER, 1939) umfaßt. Diese Schlangen zeichnen sich durch einen spezialisierten Kieferapparat aus. Oberkiefer (Maxillare), Zahnbein (Dentale), Gaumenbein (Palatinum) und das Flügelbein (Pterygoid) sind mit Zähnen besetzt, Oberkiefer- und Vorstirnknochen (Praefrontale) beweglich miteinander verbunden. Eine Verbindung zwischen Praefrontale und Nasenbein (Nasale) besteht nicht. Im Unterkieferbereich ist kein Coronoidknochen angelegt. Der Beckengürtel ist nicht mehr nachweisbar, die Wirbel sind leicht gebaut. Diese Eigenschaften unterscheiden sie von den Vertretern der Oberfamilie Henophidia (Wühl- und Riesenschlangenartige).

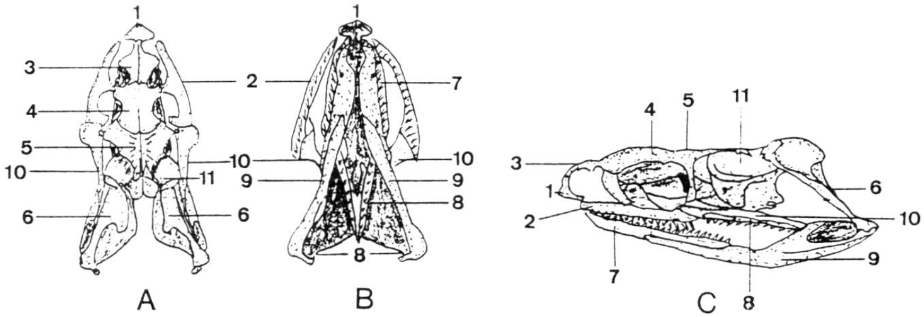

Abb. 1: Darstellung des Schädels einer *Thamnophis sirtalis.* 1 Praemaxillare; 2 Maxillare; 3 Nasale, 4 Frontale; 5 Parietale; 6 Quadratum, 7 Dentale; 8 Pterygoid; 9 Großknochen (Angulare, Supraangulare, Praearticulare und Articulare verschmolzen); 10 Transversum; 11 Occipitale.

Nattern bilden die umfangreichste Schlangengruppe überhaupt. Sie umfaßt derzeit etwa 270 Gattungen mit weit über 2 000 Arten. Von anderen Familien der Natterartigen (Colubroidea) unterscheiden sie sich durch ihre einfache Bezahnung (siehe Abschn. 3.4.1), weshalb sie auch gemeinhin als »ungiftige« Schlangen angesehen werden, obwohl alle Arten einen hochentwickelten Giftapparat besitzen und einige Gattungen über spezielle, gefurchte (opistoglyphe) Giftzähne verfügen. Weiterhin zeichnen sie sich durch große Kopfschilde, eine schlanke Gestalt und deutlich ausgebildete Bauchschilde aus.

Die Familie der Nattern ist außerordentlich mannigfaltig, ihr Formenreichtum weist auf eine progressive Entwicklungstendenz hin. Durch den uneinheitlichen,

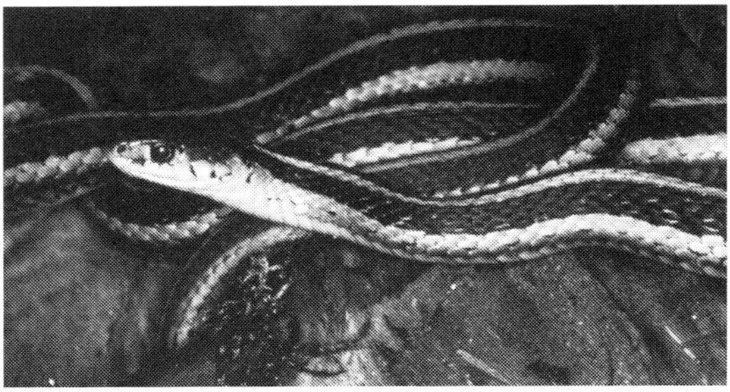

Abb. 2: *Thamnophis sirtalis sirtalis*, die am häufigsten importierte und in menschlicher Obhut gehaltene Strumpfbandnatter. Foto: STRATHEMANN.

Abb. 3: *Nerodia sipedon*, eine eng mit *Thamnophis*-Arten verwandte Wassernatter.

Abb. 4: *Regina septemvittata*, ein weiterer Vertreter der reichhaltigen Wassernatternfauna Nordamerikas.

häufig noch nicht genügend erforschten Charakter der einzelnen Unterfamilien und Gattungen bedingt, sind zur Zeit die verwandtschaftlichen Beziehungen der Nattern untereinander sowie die Abgrenzung zu anderen Familien der Colubroidea noch unbefriedigend geklärt. Dies trifft ebenso auf die Unterfamilie der Schwimm- oder Wassernattern (Natricinae) zu, zu welcher die Strumpfbandnattern zu rechnen sind. Gemeinhin werden heute folgende Gattungen der Natricinae akzeptiert (nach ENGELMANN & OBST 1981, WILLIAMS & WALLACH 1989):

Abb. 5: Vergleich der Hemipenis-Strukturen von Altwelt-Nattern und amerikanischen Colubriden. A Ringelnatter (*Natrix natrix*); B *Nerodia fasciata*.

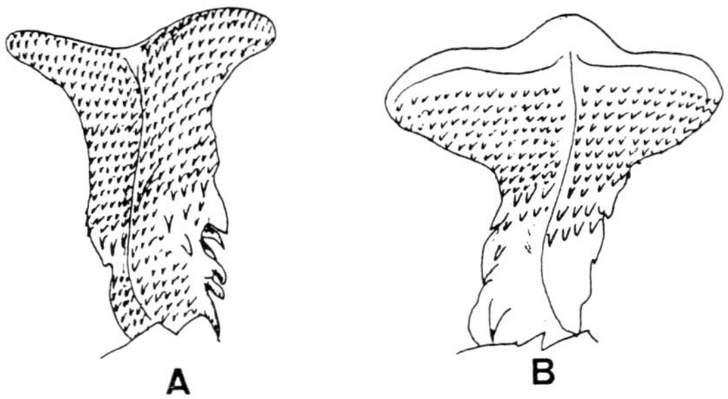

E u r o p a : *Natrix*

A s i e n : *Amphiesma; Atretium; Balanophis; Macrophisthodon; Macropophis; Natrix; Oxyrhabdium; Pararhabdophis; Pseudoxenodon; Rhabdophis; Sinonatrix; Xenelaphis; Xenochrophis*

A u s t r a l i e n : *Amphiesma*

A f r i k a : *Afronatrix; Grayia; Limnophis; Natriciteres; Natrix*

N o r d -, M i t t e l - u n d S ü d a m e r i k a : *Adelophis; Amastridium; Chersodromus; Diadophis; Diaphorolepis; Helicops; Hydromorphus; Hydrops; Nerodia; Paraptychophis; Pliocercus; Pseudoeryx; Ptychophis; Regina; Seminatrix; Storeria; Thamnophis; Trimetopon; Tropidoclonion; Virginia.*

Bei diesen Nattern sind verschiedene Entwicklungstrends hinsichtlich der Bezahnung, als auch der Lebensweise und Fortpflanzung nachweisbar. Alle nordamerikanischen Vertreter dieser Unterfamilie bringen vollentwickelte Junge zur Welt. Daneben lassen sich bestimmte Eigenheiten aufzeigen, die eine Abgrenzung zu den verwandten Gattungen der Alten Welt erlauben. ROSSMANN & EBERLE (1977) schlugen deshalb vor, die amerikanischen Natricinae in dem Tribus »Thamnophiini« zusammenzufassen, nachdem sie mit Hilfe der Analyse der Chromosomensätze (Karyotypie) und vergleichender morphologischer Erhebungen markante Charakteristika festgestellt hatten. Den Thamnophiini fehlen an den apikalen Enden der Hemipenis Spikes oder widerhakenartige Fortsätze (s. Abb. 5), sie weisen glatte Hemipenesspitzen auf. Gleichermaßen typisch ist das Vorliegen von 18 Makrochromosomenpaaren und das Fehlen von Mikrochromosomen, letztere sind bei außeramerikanischen Wassernattern nachzuweisen. Die taxonomische Untergliederung der amerikanischen Schwimmnattern war in der Vergangenheit vielfältigen Veränderungen unterworfen und ist bis heute zum Teil noch umstritten.

Besonders die gemeinsamen morphologischen Eigenschaften der Gattungen *Nerodia, Regina* und *Thamnophis* waren Anlaß für heftige wissenschaftliche Diskussionen. Mit Hilfe biochemischer, molekularer und ultrastruktureller Untersuchungen ist man bemüht, die bestehenden Fragen zu klären. Basierend auf elektrophoretischen Analysen von verschiedenen Eiweißstrukturen und computergestützter Auswertung, schlug LAWSON (1987) entgegen der früheren strikten Trennung der Gattungen *Nerodia* und *Thamnophis* vor, nur noch *Nerodia* als Gattung zu akzeptieren und in die Untergattungen *Nerodia* und *Thamnophis* zu unterteilen. In diesem

Zusammenhang plädierte er weiterhin dafür, die bisher unter der Gattungsbezeichnung *Nerodia* geführte Art *validus* dem Subgenus *Thamnophis* zuzuordnen. Die Gattung *Nerodia* (eigentliche amerikanische Wassernattern) läßt dem Autor zufolge eine Einteilung in drei mehr oder weniger selbständige, phylogenetische Gruppen (*cyclopion*-, *sipedon*- und *taxispilota*-Gruppe) zu, wobei er das Subgenus *Thamnophis* der *sipedon*-Gruppe unterstellte. Was die Aussagekraft derartiger moderner Untersuchungstechniken angeht, verweisen GARTSIDE et al. (1977) darauf, daß neben biochemischen und molekularen Eigenschaften, morphologische und metrische Daten sowie ökologische Zusammenhänge und Verhaltensmuster zu berücksichtigen sind, um letztlich Aussagen über die Artbildung (Speziation) treffen zu können. Einseitig betrachtete Werte können rasch zu falschen Schlußfolgerungen führen. So fanden sie nur unwesentliche Unterschiede zwischen *T. sauritus* und *T. proximus* hinsichtlich des Chromosomensatzes, jedoch differenzierte morphologische Werte und Proteinstrukturen. Andererseits wurden auch innerartliche Abweichungen sichtbar. *T. sauritus* aus Florida wies andere Proteinmuster als Tiere der gleichen Art aus Louisiana und Mississippi auf, was für den Entwicklungstrend in der Art entspricht. Im Vergleich der Lebensweise beider Arten waren unterschiedliche Präferenzen bezüglich der Habitate im sich überschneidenden Vorkommensgebiet nachweisbar. Weiterhin geben die Autoren der Untersuchung des Transferrins, eines am Eisenstoffwechsel beteiligten Enzyms, den Vorrang vor Analysen von Strukturproteinen.

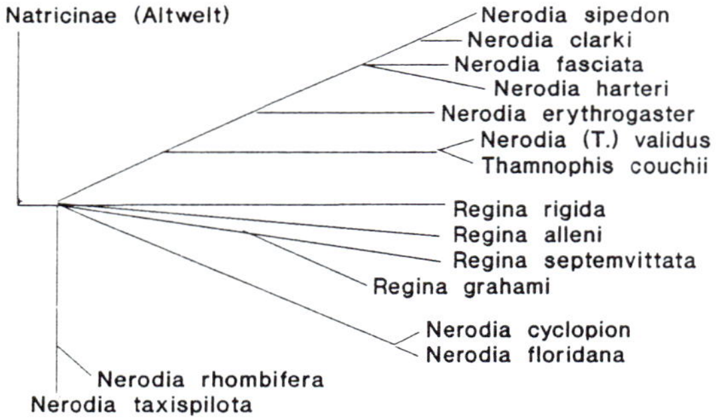

Abb. 6: Kladogramm zur Darstellung verwandtschaftlicher Beziehungen zwischen nordamerikanischen Wassernattern, basierend auf elektrophoretischen Untersuchungen. Nach LAWSON (1987).

Neben den eigentlichen Schwimmnattern Nordamerikas (*Nerodia*) hat die monotypische Gattung *Tropidoclonion* COPE, 1860 auffallende Ähnlichkeit mit Strumpfbandnattern. Rein äußerlich unterscheidet sie sich kaum von ihnen, lediglich durch eine charakteristische Doppelreihe dunkler, halbmondförmiger Punkte oder Flecke entlang der Bauchschilde, sowie durch die Lebensweise läßt sich *Tropidoclonion lineatum*, die »Lined snake« der Nordamerikaner, von *Thamnophis*-Arten abgrenzen. Die Gattung *Thamnophis* galt sei ihrer Zusammenstellung durch FITZINGER im Jahre 1843 lange Zeit als ein Synonym für ein ausgesprochenes nomenklatorisches Chaos. Mangels entsprechender und vergleichbarer Methoden wurden ständig neue Arten oder Formen beschrieben, was durch die Mannigfaltigkeit der Färbungsnuancen der Nattern unterstützt wurde. Erstmals versuchte RUTHVEN (1908) in seinem — auch heute noch — vielbeachtetem Werk »Variations and genetic relationships of the garter snakes« Ordnung in die unübersichtliche Fülle von Strumpfbandnatter-Formen (über 60!) zu bringen. Basierend auf Analysen der morphologischen Merkmale stellte er 4 große Verwandtschaftsgruppen zusammen, in welche er die von ihm akzeptierten Arten einreihte. Die von RUTHVEN beschriebenen Gruppen (*sirtalis*-, *sauritus*-, *radix*- und *elegans*-Gruppen) können prinzipiell aus moderner Sicht akzeptiert werden, obwohl einzelne von RUTHVEN unterschiedene Arten revidiert wurden, oder neu eingegliedert werden müssen. Als markante Charakteristika der Verwandtschaftsgruppen sind folgende Merkmale anzusehen:

sirtalis-Gruppe: Schwanzlänge weniger als 27 % der Gesamtlänge. 19 Dorsalschuppenreihen, 1 Praeocularschild. Lateralstreifen auf zweiter und dritter Dorsalschuppenreihe. Keine Querbänderzeichnung.

sauritus-Gruppe: Schwanzlänge gewöhnlich mehr als 27 % der Gesamtlänge. 1 Praeocularschild. Sehr schlanke Körperform. Bis zu 19 Dorsalschuppenreihen.

radix-Gruppe: 19 – 21 Dorsalschuppenreihen. Lateralstreifenzeichnung auf 3. und 4. Dorsalschuppenreihe. 1 Praeocularschild; relativ kurzer Kopf, der wenig vom Rumpf abgesetzt erscheint. Länge des Schwanzes weniger als 27 % der Gesamtlänge.

elegans-Gruppe: Bis zu 23 Dorsalschuppenreihen, Lateralstreifen auf Reihe 2 und 3. Zumeist 2 Praeocularschilde. Schwanzlänge weniger als 27 % der Gesamtlänge.

Die verschiedenen Gruppen repräsentieren gleichermaßen die unterschiedlichen phylogenetischen Entwicklungstrends innerhalb der *Thamnophis*-Arten, auf die im folgenden Abschnitt eingegangen werden soll.

1.2 Phylogenetische Aspekte

Die Stammesgeschichte der Schlangen ist im Vergleich zu anderen Vertebraten bisher noch ungenügend erforscht, was unter anderem auf die nur spärlich vorhandenen fossilen Reste in wissenschaftlichen Sammlungen zurückzuführen ist (ENGELMANN & OBST 1981, HAUBOLDT & KUHN 1981, MÜLLER 1985). Bislang ist man davon ausgegangen, daß Schlangen von unterirdisch lebenden, waranähnlichen Vorfahren abstammen. Das früheste Auftreten von schlangenähnlichen Reptilien wird im Jura (Beginn vor ca. 195 Millionen Jahren) vermutet. Von diesem Gesichtspunkt aus betrachtet sind die Nattern eine sehr junge Schlangenfamilie, die seit dem frühen Eozän die Erde bevölkert.

Der Ursprung der amerikanischen Wasser- und Schwimmnattern (Thamnophiini) ist wohl im ostasiatischen Raum zu suchen. Von dort aus drangen sie — unterstützt durch die damaligen klimatischen Verhältnisse — über die Behringstraße auf den amerikanischen Kontinent vor. Eine ähnliche Verbreitung dürften die Vorfahren der rezenten Klapperschlangen (Crotalidae) erfahren haben. Die Geburt vollentwickelter Jungschlangen bei allen Arten der nordamerikanischen Wassernattern wird als Indiz für diese Theorie gewertet, da man davon ausgeht, daß diese Eigenschaft durch den Einfluß der relativ kühlen Witterung im Gebiet der Behringbrücke entstand. MALNATE (1960) verweist diesbezüglich jedoch darauf, daß auch die Chinesische Wassernatter (*Sinonatrix annularis*) lebendgebärend (ovovivipar) ist und postuliert eine mögliche Verwandtschaft zu den amerikanischen Wassernattern.

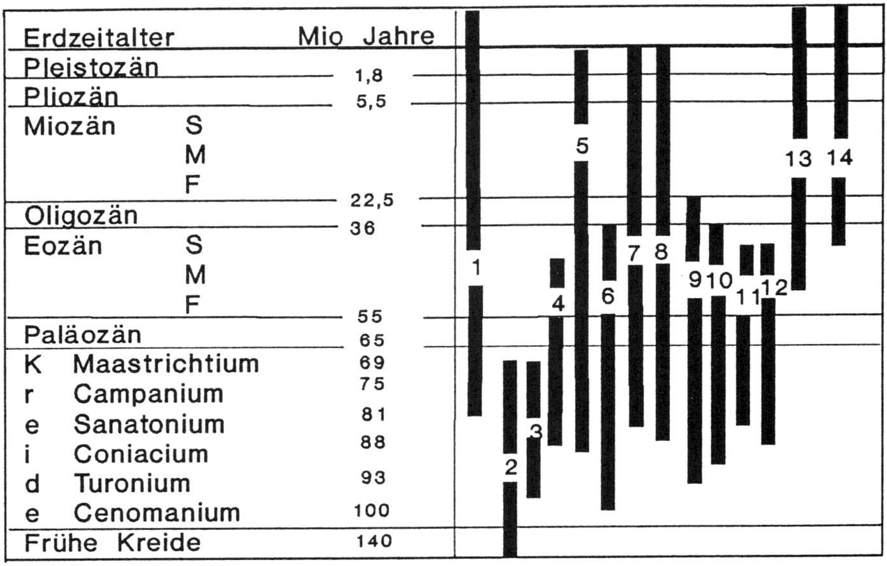

Abb. 7: Darstellung des Auftretens der verschiedenen Schlangenfamilien in einzelnen erdgeschichtlichen Etappen (nach SEIGEL et al. 1987). 1 Scolocophidia; 2 Lapparentopheidae; 3 Simoliopheidae; 4 Dinilysiidae; 5 Aniliidae; 6 Madtsoiinae; 7 Erycinae; 8 andere Boidae; 9 Paläopheidae; 10 Nigeropheidae; 11 Anomalopheidae; 12 Russelopheidae; 13 Colubridae; 14 Elapidae.

In Nordamerika gefundene fossile Reste von Schlangenskeletten lassen teilweise nur geringe Unterschiede zu rezenten *Thamnophis*-Arten erkennen. Die meist aus dem oberen Pliozän oder dem Pleistozän stammenden Funde unterscheiden sich jedoch anhand der Gestalt der praecaudalen Wirbel (Rumpfwirbel) eindeutig von den heutigen *Nerodia*- und *Natrix*-Arten (GEHLBACH 1965, BRATTSTRÖM 1967, HOLMAN 1968, MÜLLER 1985).

Folgt man den Auffassungen von LAWSON (1987), so sind die Gattungen *Thamnophis* und *Nerodia* aus phylogenetischer (stammesgeschichtlicher) Sicht als Untergattungen von *Nerodia* anzusprechen. Der Autor glaubt, Anhaltspunkte gefunden zu haben, die darauf hinweisen, daß es sich bei *Thamnophis* um eine monophyletische Gruppe handelt. Das heißt, daß alle rezenten Arten auf eine Stammform zurückzuführen sind. Einen paraphyletischen Ursprung (mehrere Stammformen) scheinen im Gegensatz dazu *Nerodia*-Arten zu besitzen. Aus den fossilen Vorfahren der »*sipedon*-Gruppe« könnten die Strumpfbandnattern entstanden sein.

Als Entstehungsgebiet der *Thamnophis*-Arten wird der mexikanische Raum angenommen. Ursprünglich handelte es sich wahrscheinlich um Gebirgstiere, die sich

Abb. 8: Hypothetischer Stammbaum der Schlangen. Nach SEIGEL et al. (1987).

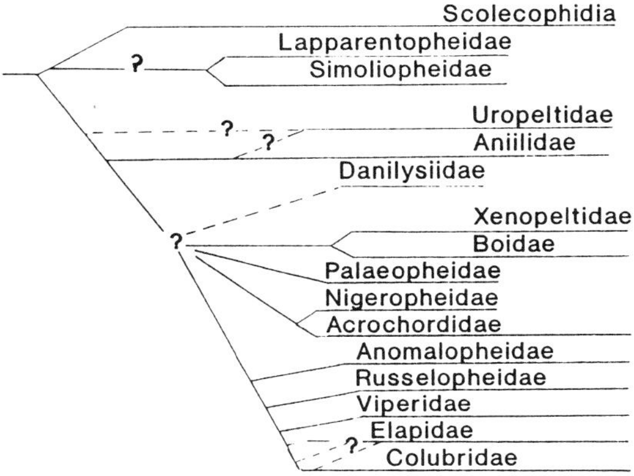

Abb. 9: Thoraxwirbel einer fossilen Strumpfbandnatter aus dem Pleistozän von Idaho. A von cranial, B von dorsal und C von lateral gesehen. Nach GILLMORE, aus MÜLLER (1985).

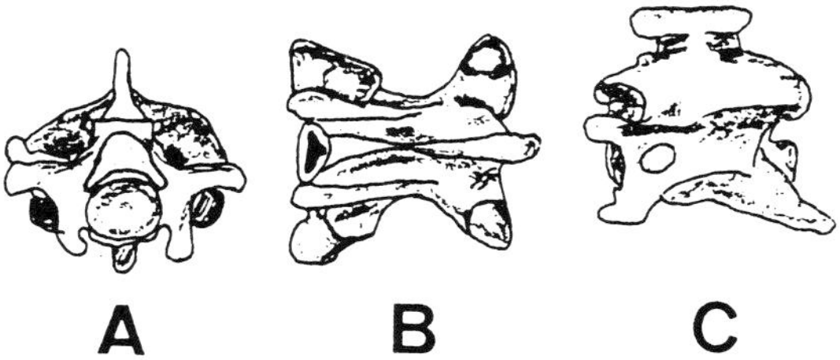

radiär ausbreiteten und so auf den nördlichen Teil des Doppelkontinents vordrangen. Infolge der eiszeitlichen Abkühlung des Klimas wurde es den Schlangen möglich, in tiefer gelegene Regionen vorzudringen. Mit dem weiteren Vorrücken der Gletschermassen wurden sie wieder zurückgedrängt oder isoliert und entwikkelten sich in unterschiedlichem Maße weiter. In den Interglazialzeiten erfolgte die erneute Ausdehnung der Verbreitungsgebiete, die Populationen vermischten sich teilweise, wodurch neue Eigenschaften entstanden. Derartige Prozesse wiederholten sich mehrfach. In der letzten Eiszeit (im Quartiär) drangen auf dem nordamerikanischen Kontinent die Gletscher bis zum 40. Breitengrad, etwa auf der Höhe der Einmündung des Ohio in den Mississippi, vor. Sie fand ihren Abschluß vor ca. 10 000 Jahren. Durch die damit im Zusammenhang stehenden klimatischen Veränderungen wurde die nordamerikanische Reptilienfauna stark geprägt. Isolierte Vorkommen der Gewöhnlichen Strumpfbandnatter (*T. sirtalis*) in den südlichen Great Plains (Rio Grande–Zuflüsse in New Mexico, vereinzelte Populationen in Texas und im nördlichen Mexiko) zeugen von dem ehemals riesigen Verbreitungsgebiet dieser Art, welches im Zusammenhang mit den humiden Klimaverhältnissen in diesen Arealen im früheren postglazialen Stadium zu sehen ist. Das heute vorherrschende, eher aride Klima, drängt diese Spezies auf kleine, begrenzte Biotope zurück, schafft jedoch günstige Voraussetzungen für mehr terrestrisch lebende Arten (z. B. *T. marcianus* und *T. radix*), die häufig in diesem Gebiet zu finden sind.

Die enorme Variabilität einzelner Arten läßt vermuten, daß die Artbildung (Speziation) bei *Thamnophis* noch in einem sehr aktiven Stadium ist. Geographische und klimatische Verhältnisse sind hier von entscheidender Bedeutung. FITCH & MALNATE (1961) verweisen auf den Einfluß der kontinentalen Wasserscheide auf die Bildung und Verbreitung von Unterarten der Gewöhnlichen Strumpfbandnatter (*T. sirtalis*). Die beschriebenen Differenzen manifestieren sich vor allem in der Färbung und Zeichnung der einzelnen Subspezies.

Ein anderes Beispiel gibt ROSSMAN (1992) bezüglich der mexikanischen Strumpfbandnattern *T. mendax* und *T. sumichrasti*. Beide Arten können als »Schwester-Arten« (»sister-species«) betrachtet werden. Die unmittelbaren Vorfahren der beiden Arten lebten in einem größeren Areal im Bereiche der feuchten Waldgebiete der Sierra Madre Oriental, welches vom Pico Orizaba (Veracruz, Mexiko) bis zur Sierra de Guatemala (Tamaulipas, Mexiko) reichte. Infolge des Rückganges der Niederschlagsmenge während des Pleistozäns entstand der heute vorhandene, aride Korridor im südlichen San Luis Potosi, und somit eine »Proto-mendax-Population« im nördlichen und eine »Proto-sumichrasti-Population« im südlichen Verbreitungsgebiet, wobei der Prozeß der Artbildung und weiteren Differenzierung bis heute andauert. MARTIN (1958) vermutete fernerhin, daß ein verstärkter Regenfall die Bildung neuer Kontaktzonen zwischen beiden Arten ermöglichen könnte.

2 Anatomische, morphologische und physiologische Eigenschaften der *Thamnophis*-Arten

2.1 Äußere Haut und Beschuppung (Pholidose)

Die Beschuppung der Strumpfbandnattern zeichnet sich durch gekielte Dorsalschuppen aus. Die Kielung ist deutlich, fehlt jedoch vielfach auf der jeweils ersten Dorsalschuppenreihe über den Bauchschilden (Ventralia), mitunter auch auf der zweiten Reihe. Die Anzahl der Dorsalschuppenreihen variiert artspezifisch zwischen 17 und 23, wobei meist eine Verringerung der Anzahl um 1 oder 2 Reihen im hinteren Rumpfabschnitt eintritt. Die Ventralschilde und Subcaudalia (Unterschwanzschilde) zeigen keine Unterschiede zu anderen Wassernattern, das Analschild ist bei Strumpfbandnattern in der Regel ungeteilt. Im Gegensatz dazu besitzen *Nerodia*-Arten geteilte Analschilde sowie sogenannte Apikalgrübchen auf den Dorsalschuppen (»scale-pits«), die *Thamnophis*-Arten gemeinhin nicht ausbilden. Beide Merkmale stellen die klassischen Unterscheidungskriterien von *Thamnophis* und *Nerodia* dar. CONANT (1961) weist bereits auf die Unzulänglichkeit dieser Einteilung hin, da sowohl Apikalgrübchen, als auch geteilte Analschilde bei einigen Strumpfbandnatterarten (z. B. *T. rufipunctatus, T. melanogaster* und *T. elegans vagrans*) mehr oder weniger häufig nachweisbar seien. Andererseits können auch bei *Nerodia* mitunter ungeteilte Analschilde oder grübchenlose Dorsalia beobachtet werden. CHIASSON & LOWE (1989) nahmen sich dieser Problematik an und führten ultrastrukturelle Untersuchungen an Körperschuppen von Schlangen beider Gattungen durch. Im elektronenmikroskopischen Bild lassen sich auf der Oberfläche der Dorsalschuppen von *Thamnophis*-Arten längsverlaufende, unterschiedlich lange, kanalähnliche Strukturen finden, die eine Längsstreifung hervorrufen. Bei *Nerodia* liegt sowohl eine Längs- als auch eine Querstreifung vor, so daß schüsselartige Vertiefungen entstehen. In diese Dellen ist eine fettartige Substanz eingelagert, die wasserabweisende Schutzfunktionen erfüllt. Die lipidhaltigen Substanzen werden im Prozeß der Verhornung der äußeren Hautschichten (Keratinisierung) gebildet und gelangen über Poren auf die Oberfläche der Schuppen. Schuppenporen sind bei allen Reptilien vorhanden, besonders stark aquatile Schlangen verfügen jedoch über deutlich mehr solcher Schutzlipide auf ihrer Körperoberfläche.

Da die oben genannten Autoren bei »typischen« *Thamnophis*-Arten keine Apikalgrübchen nachweisen konnten, schlugen sie vor, *T. rufipunctatus* und *T. melanogaster* der Gattung *Nerodia* zuzuordnen. Im Gegensatz hierzu sollte die Art »*validus*« eher der Gattung *Thamnophis* und nicht, wie bisher, *Nerodia* zugerechnet werden. Inwieweit diese Ergebnisse als taxonomisch relevant zu betrachten sind, muß zukünftig noch geklärt werden.

Die Kopfbeschilderung der Strumpfbandnattern ist typisch für die Familie Colubridae. Auf der Kopfoberseite finden sich paarig angelegte Internasal-, Praefrontal-,

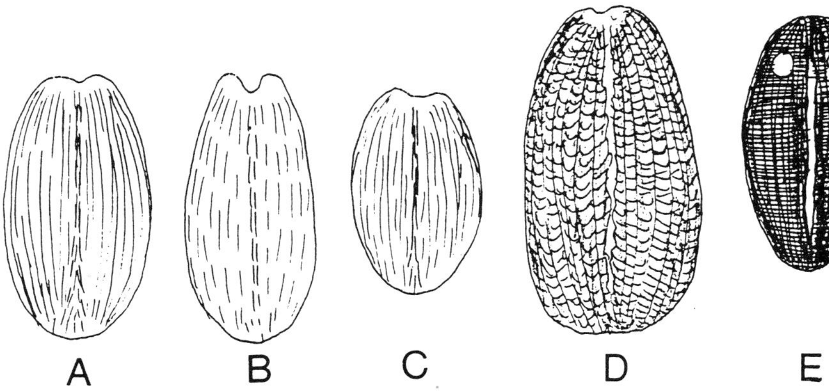

Abb. 10: Darstellung der Oberflächenstruktur von Dorsalschuppen von *Thamnophis*- und *Nerodia*-Arten. A *T. marcianus;* B *N. (T.) validus;* C *T. cyrtopsis;* D *T. melanogaster;* E *N. sipedon.* Nach CHIASSON & LOWE (1989).

Occipital- und Parietalschilde sowie ein unpaares Frontalschild. Bei der Mehrzahl der Arten ist ein ungeteiltes Praeoculare typisch. Zwei Voraugenschilde treten jedoch bei *T. couchii, T. elegans* und *T. ordinoides* sowie *T. (N.) melanogaster* auf. Die Anzahl der Postocularschilde variiert artspezifisch zwischen 2 und 4, wobei auch intraspezifische Unterschiede möglich sind. In der Regel liegen 3 hintereinander angeordnete Temporalschilde vor, bei *T. butleri* kann jedoch durch eine Querteilung des ersten Temporale eine zweite Reihe angedeutet sein. Die Oberlippenschilde (Supralabialia) liegen beiderseits in einer Anzahl von 6 bis 9 vor, die Unterlippenschilde (Infralabialia) von 8 bis 12. Das Mentale besitzt eine dreieckige Gestalt und liegt der Unterkiefersymphyse auf. Die Rinnenschilde (Inframaxillaria) sind in ein jeweils vorderes und hinteres Schild geteilt, deren Größenverhältnisse zur Unterscheidung der Arten herangezogen werden können.

Unterschiede in der Pholidose zwischen verschiedenen Individuen einer Art sind bei Strumpfbandnattern nicht selten und wahrscheinlich durch Temperatureinflüsse während der Embryonalentwicklung bedingt. FOX (1948) sowie FOX et al. (1961) haben über den Einfluß von kühlen Umgebungstemperaturen auf die Entwicklung von Feten berichtet. Die neugeborenen Strumpfbandnattern waren kleiner, die Anzahl der Dorsalschuppenreihen und verschiedentlich der Postocularschilde niedriger als bei Tieren, die bei höheren Umgebungstemperaturen im Mutterleib heranwuchsen.

2.2 Färbung und Zeichnung

Die meisten *Thamnophis*-Arten zeichnen sich durch ein deutliches Streifenmuster aus. Dieses, sowie die Färbung der zwischen den Streifen liegenden Haut und Schuppen, brachte den Schlangen auch ihren Trivialnamen ein. Im anglo-amerikanischen Sprachgebrauch werden die Tiere in Anlehnung an die im vorigen Jahrhundert modernen Strumpfbänder gemeinhin als »Garter snakes« bezeichnet,. Manche Arten (*T. sauritus* und *T. proximus*) sind als »Ribbon snakes« (Bändernattern) bekannt. In manchen Regionen ist das »Garter« von der Bevölkerung in »Garden« umgewandelt worden, wobei auf die Eigenschaft mancher Arten angespielt wird, die als Kulturfolger menschliche Ansiedlungen nicht scheuen.

Die Streifenzeichnung kann mehr oder weniger deutlich ausgeprägt sein, in der Regel finden sich ein Dorsal- oder Rückenstreifen sowie je ein Lateral- oder Seitenstreifen. Der Dorsal- oder Vertebralstreifen ist auf eine Schuppenreihe begrenzt oder greift auf die benachbarten Reihen über. Die Lateralstreifen sind im Bereich der zweiten, dritten und vierten Dorsalschuppenreihe zu finden. Generell ist ihre Färbung heller als die der Umgebung. Bei einer Reihe von Arten kann der Dorsalstreifen nur angedeutet sein oder fehlen, anderen Arten fehlen die Lateralstreifen.

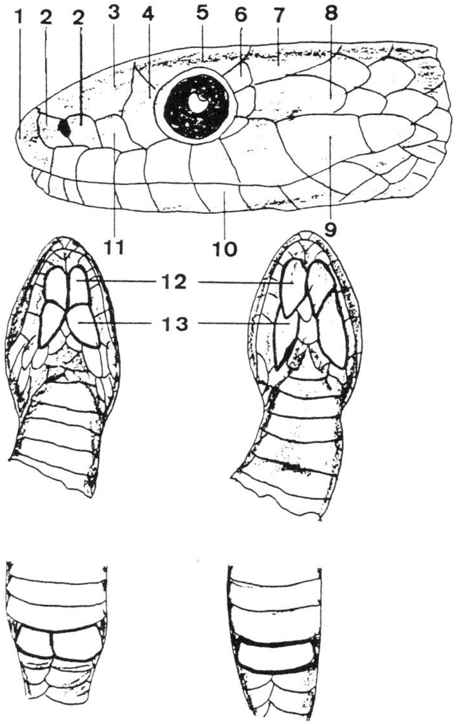

Abb. 11: Darstellung der Kopfbeschilderung sowie der Gestalt der Analschilde bei *Nerodia*-Arten (links) und *Thamnophis* (rechts). 1 Rostrale (Schnauzenschild); 2 Nasalia Nasenschilde); 3 Internasale (Zwischennasenschild); 4 Praeoculare (Voraugenschild); 5 Frontale (Stirnschild); 6 Ostocularia (Hinteraugenschilde); 7 Parietale Scheitelschild); 8 Temporale (Schläfenschild); 9 Supralabialia Oberlippenschild); 11 Loreale (Züngelschild); 12 rostrale Inframaxillaria (vordere Rinnenschilde); 13 caudale Inframaxillaria (hintere Rinnenschilde).

Die Farben des Streifenmusters reichen von weißlichen Tönen über gelbe, orange, rote, braune bis zu grünlichen oder bläulichen Nuancen. Zumeist unterscheidet sich die Farbe des Rückenstreifens etwas von der der Seitenstreifen. Die zwischen den Streifen liegenden Schuppenreihen können in ihrer Färbung von hellen gelben oder grauen Tönen bis zum düsteren Braun oder tiefen Schwarz variieren. Zudem sind oft Punkte und Flecke ausgeprägt, so daß ein getupftes, scheckiges oder gestricheltes Aussehen oder ein deutliches Schachbrettmuster auftritt. Im unmittelbaren Bereich neben den Streifen kann es zu einer Anhäufung dunkler Pigmente kommen, wodurch zusätzliche Streifen angedeutet werden. Die zwischen den Schuppen liegenden Hautpartien sind häufig intensiv gefärbt und stehen im Kontrast zu der Färbung der Schuppen, wobei weißliche, grüne, blaue oder rote Schattierungen vorherrschen. Die Färbung der Dorsalschuppen geht in der Regel fließend in die der Bauchschilde über, letztere sind jedoch meist deutlich heller, wobei ihre Basis stets intensiver oder dunkler als die übrige Fläche gefärbt ist. Bei einigen Arten (z. B. *T. ordinoides* oder *T. atratus*) können die Ventralia auch dunkel bis schwarz gesprenkelt bzw. getupft erscheinen oder mit kräftigen roten bis grünlichen Flekken versehen sein. Manche Arten weisen eine schwarze, medial gelegene, longitudinale Streifenzeichnung auf den Bauchschilden auf (*T. melanogaster, T. nigronuchalis*).

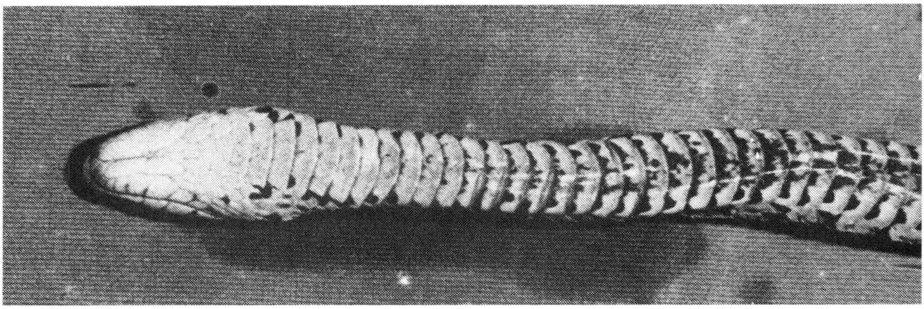

Abb. 12: Ventralansicht einer *T. elegans vagrans* mit typischer schwarzer Fleckenzeichnung.

Die Oberseite des Kopfes ist bei der Mehrzahl der Arten analog der Dorsalia gefärbt, zuweilen etwas intensiver oder auch heller getönt. Einige westliche Unterarten von *T. sirtalis* und *T. elegans* haben kräftig rot gefärbte Schilde auf der Kopfoberseite. Nahezu alle Spezies weisen auf den Parietalschilden eine mehr oder weniger deutlich hervortretende, helle Strichzeichnung auf. Die Farbe der Kopfoberseite geht in Höhe der Prae- und Postocularia und der Temporalia allmählich in hellere Farbtöne über, die Supra- und Inframaxillaria sind bei einigen Arten dunkel umrandet oder haben eine senkrechte, dunkle Markierung. Im Nacken haben viele Arten eine dunkle Fleckenzeichnung, die vom auslaufenden Rückenstreifen unterbrochen sein kann.

Eine gewisse Anpassung der Färbung und Zeichnung an die Gegebenheiten der natürlichen Umwelt wird auch bei *Thamnophis*-Arten deutlich. Nach RUTHVEN (1908) sind folgende Färbungstendenzen in Abhängigkeit von der geographischen Verbreitung zu beobachten:

- Im Bereich der nordamerikanischen Westküste (Oregon, Washington, British Columbia) finden sich leuchtende Farben, besonders häufig Rot oder Grün (*T. s. concinnus, T. elegans, T. ordinoides*). Die schwarze Pigmentierung ist verstärkt, mitunter werden dadurch zusätzliche Längsstreifen angedeutet.
- Bei südlicheren Arten (mexikanischer Raum, New Mexico, Texas, Arizona) tritt eine helle Grundfärbung zutage (*T. marcianus, T. eques*).
- Im Gebiet des großen Beckens werden vermehrt rote Pigmente ausgeprägt (*T. s. parietalis, T. radix haydenii*).
- Im östlichen Nordamerika sind dunkle bis düstere Farben bestimmend (*T. sauritus, T. sirtalis, T. butleri*).

VAN DEVENDER (1973) hebt in Beziehung auf die Färbung und Zeichnung von *T. s. ornata* aus New Mexico hervor, daß die Streifenzeichnung gemeinsam mit bestimmten Verhaltensmustern dazu dient, Freßfeinde abzuschrecken oder zu verwirren, indem die Schlange zum Beispiel Greifvögeln als »Doppelindividuum« erscheint. Daneben wird vermutet, daß die roten Farbpigmente auf eine Batesische Mimikry (Nachahmer-Färbung) hindeuten, die eine Ähnlichkeit mit den intensiv rot gebänderten Giftnattern der Gattung Micrurus bzw. Micruroides (»Korallenottern«) bewirkt.

Abb. 13: Im natürlichen Lebensraum wird die somatolytische Wirkung der Zeichnung am Beispiel einer *T. marcianus* deutlich.

Färbungsanomalien wurden häufig dokumentiert, wobei Phänomene wie Albinismus oder Melanismus in isolierten Populationen gehäuft auftreten. COOK (1986) berichtet über albinotische Exemplare von *T. sirtalis* in Georgia, Gleiches wird von WELLER (1983) bei Tieren aus der kanadischen Provinz Ontario dokumentiert. GROVES (1976) beschreibt ein albinotisches Weibchen der Gemeinen Strumpfbandnatter aus Pennsylvania. EVANS & ROECKER (1951) fanden bei Untersuchung einer *T. sirtalis*-Population in Ontario bei 24 % aller Schlangen melanistische Merkmale. PETERSON & FABIAN (1984) beschreiben Melanismus bei *T. elegans* vagrans, der Wander-Strumpfbandnatter, CATLING & FREEDMAN (1981) bei *T. butleri*. Eine weitere interessante Färbungsanomalie bei einer *T. sirtalis* fanden GROVES & BOYER (1972). Das Tier wurde im Baltimore County, Maryland, gefangen und wies eine stahlgraue bis hellblaue Grundfärbung auf, je nach Lichteinfall. Die Oberseite des Kopfes war hellblau. Der dünne Dorsalstreifen verlor sich im hinteren Körperabschnitt, Lateralstreifen waren nicht vorhanden. Neben dem Dorsalstreifen befanden sich an den Körperseiten schwarze Punkte und Flecke. Beginnend ab dem 15. Ventralschild zog sich eine zentrale, orangerote Streifenzeichnung auf den Bauchschilden entlang bis zur Schwanzspitze hin. Die Entstehung des Blautones wird durch eine besondere Überlagerung von Chromatophoren, für die Färbung der Reptilien verantwortliche Bestandteile der oberen Hautzellschichten, bedingt. Dabei werden die Melanophoren, die eine schwarze Färbung hervorrufen, von guaninhaltigen Iridophoren überdeckt. Guanin reflektiert einfallendes Licht sehr gut, so daß helle, weißliche Farben entstehen. Durch die Überlagerung beider Schichten wird das Licht in bestimmten Wellenlängen so gebrochen, daß bläuliche Farbtöne hervorgerufen werden.

Färbungs- und Zeichnungsunterschiede zwischen den Geschlechtern sind bei Strumpfbandnattern kaum ausgeprägt. Änderungen von Färbung und Zeichnung im Verlaufe des Körperwachstums sind bei *T. melanogaster* und *T. exsul* (siehe Artbeschreibungen!) nachgewiesen worden.

Abb. 14: Alkoholpräparat eines sehr hellen Exemplars einer Gewöhnlichen Strumpfbandnatter (*T. s. sirtalis*) aus Virginia.

2.3 Sekundäre Geschlechtsmerkmale, Größe und Lebensalter

Bei adulten Exemplaren ist das Geschlecht leicht zu bestimmen, besonders wenn ein Vergleich zu anderen Individuen gleichen Alters und gleicher Art möglich ist. Männliche Schlangen sind in der Regel bei *Thamnophis* kleiner, die Anzahl der Dorsalschuppenreihen ist zuweilen niedriger als bei weiblichen Tieren. Das prozentuale Verhältnis zwischen Gesamtkörperlänge und Schwanzlänge ist bei den Männchen zugunsten der Schwanzlänge verändert, der Rumpf- Schwanzübergang geschieht allmählich, oft ist hinter der Schwanzwurzel eine durch die Hemipenes hervorgerufene Verdickung auszumachen. Bei den Weibchen tritt eine rasche Verjüngung zwischen Rumpf und Schwanz ein.

Mitunter wird angeführt, daß bei den männlichen Nattern die Kielung der Dorsalschuppen (insbesondere im Bereich der Kloake und der Schwanzwurzel) stärker hervortritt. Allerdings können auch weibliche Exemplare sehr stark gekielte Schuppenreihen aufweisen, so daß dies nur ein sehr unzulängliches Indiz darstellt.

Eine sichere Geschlechtsbestimmung kann mit Hilfe von Röntgenaufnahmen vorgenommen werden, wobei die verknöcherten Penishaken der adulten Männchen nachweisbar sind. Als Alternative bietet sich die Knopfsondenmethode (SZIDAT 1968) an, die bei einiger Übung und vorsichtiger Handhabung sichere Aussagen über das Geschlecht der Tiere zuläßt.

Die Entwicklung der Körpermasse und das Längenwachstum werden hormonell reguliert, wobei die Geschlechtshormone einen wesentlichen Einfluß ausüben. CREWS et al. (1985) haben in Versuchen mit *T. s. parietalis* nachgewiesen, daß bei kastrierten männlichen Schlangen kein Unterschied in der Entwicklung der Körpergröße und -masse im Vergleich zu den weiblichen Schlangen des gleichen Wurfes entstand. Nach Injektionen von Androgenen stellte sich ein Entwicklungsstop bei den Kastraten ein.

Aus Angaben von STEWART (1968) geht hervor, daß neugeborene weibliche Jungschlangen im Durchschnitt kleiner als die männlichen sind. Mit Beginn der Geschlechtsreife kehrt sich der Sachverhalt ins Gegenteil um (siehe Tab. 1).

Nach Untersuchungen von GREGORY (1977) dürfte der Längenzuwachs bei Strumpfbandnattern im Freiland, wie am Beispiel von *T. sirtalis parietalis* und *T. radix* demonstriert wurde, im Verlaufe der Aktivitätsperiode eines Jahres bei männlichen Exemplaren etwa 8 – 14 cm, bei weiblichen 12 – 20 cm betragen.

Tab. 1: Durchschnittliche Längenmaße neugeborener und adulter *T. s. concinnus* und *T. ordinoides* (nach STEWART 1968). Längenangaben in mm.

Spezies	Geschlecht u. Anzahl	Gesamtlänge	Schwanzlänge	% Schwanzlänge an Gesamtlänge
Neugeborene:				
concinnus	♂ (40)	247,5	61,7	25,0
concinnus	♀ (27)	239,4	57,6	24,1
ordinoides	♂ (26)	179,7	39,8	22,1
ordinoides	♀ (21)	171,1	35,1	20,5
Adulte Exemplare:				
concinnus	♂ (69)	619,3	163,3	26,4
concinnus	♀ (21)	672,1	154,1	23,1
ordinoides	♂ (65)	525,3	127,7	24,3
ordinoides	♀ (33)	606,2	126,8	21,0

Thamnophis-Arten erreichen Längen von 30 cm bis über einen Meter. Als »Riese« unter den Arten ist *T. gigas* anzusehen, die eine Körperlänge bis zu 160 cm erreichen kann. Jedoch sind solche Exemplare sehr selten zu finden. Klein bleibende Arten sind dagegen *T. butleri*, *T. brachystoma*, *T. mendax* oder *T. scalaris*, die eine Körperlänge von 50 cm selten überschreiten. Bei der mexikanischen *T. exsul* liegt die Körperlänge unter 40 cm!

Bei der Beschreibung der einzelnen Spezies (Kap. 7) wird nochmals auf die Körpergröße eingegangen.

Die durchschnittliche Lebenserwartung von Strumpfbandnattern wird auf etwa 5 bis 15 Jahre geschätzt, wobei die Altersbestimmung bei Schlangen, die ihren natürlichen Lebensräumen entnommen wurden, nur schwerlich durchzuführen ist. Allerdings ist eine postmortale Schätzung des erreichten Lebensalters von Schlangen aus Gebieten mit größeren jahreszeitlichen Klimaschwankungen mit Hilfe der von CASTANET et al. (1985) beschriebenen Knochenschliffmethode möglich. Hierbei lassen sich Zuwachsringe nachweisen, die durch den Wechsel von Wachstums- und Ruhezeiten entstehen. An europäischen Reptilien konnten dadurch deutliche Unterschiede zu Vergleichstieren aus der Gefangenschaftshaltung ermittelt werden und somit eine einfache Altersbestimmung erfolgen. Über ähnliche Untersuchungen bei *Thamnophis*-Arten liegen derzeit keine Hinweise in der Literatur vor. Bei einem vom Verfasser angefertigten und histologisch ausgewerteten Präparat (*T. sirtalis*, Rippe aus der Körpermitte eines männlichen Tieres aus einer wissenschaftlichen Sammlung) waren ebenfalls deutlich die Wachstumszonen zu unterscheiden. Dabei handelte es sich um ein 34,3 cm langes Exemplar, dessen Alter auf rund 3 Jahre geschätzt wurde. LARSEN & GREGORY (1989) ermittelten durch die Kontrolle von markierten *T. sirtalis* in ihren natürlichen Winterquartieren, daß die Schlangen eine jährliche Überlebensrate von 68 – 98 % aufweisen. Beim Abschluß der Untersuchungen waren einige Tiere mindestens 8 Jahre alt.

In Gefangenschaft können Strumpfbandnattern recht ausdauernde und widerstandsfähige Pfleglinge sein, die lange Jahre im Terrarium gehalten werden können. ENGELMANN & OBST (1981) berichten über *T. proximus*, welche in Gefangenschaft ein Lebensalter von 16 Jahren erreichte. Von mir gehaltene Arten erreichten im Terrarium ein Höchstalter von 12 (*T. s. parietalis*) bzw. 10 Jahren (*T. s. sirtalis*). Zur Zeit pflege ich ein Weibchen von *T. e. vagrans*, welches im Terrarium geboren wurde und nunmehr 12 Jahre alt ist.

2.4 Bau und Funktion innerer Organe

An dieser Stelle soll nur kurz auf die wesentlichsten Eigenschaften der Gattung eingegangen werden, da nur wenige Unterschiede zu anderen Nattern bestehen und weitestgehend gleiche Verhältnisse vorliegen. Auf die Morphologie des Skeletts und des Muskelsystems wird deshalb gänzlich verzichtet, bei Interesse kann sich in einschlägiger Literatur informiert werden (COWAN & HICK 1951, LÜDICKE 1962, ROMER 1976, AUEN & LANGENBARTEL 1977, ENGELMANN & OBST 1981, YOUNG 1989).

2.4.1 Verdauungssystem

Die Anatomie des Verdauungssystem läßt eine Untergliederung in Vorder-, Mittel- und Enddarm zu, letzterer mündet gemeinsam mit den Ausführungsgängen des Urogenitalsystems in die Kloake ein.

In der Mundhöhle finden sich seitlich am Kieferinnenrand verankerte (pleurodonte), glatte (aglyphe) Zähne. Eine Zahnlücke (Diastema) oder spezialisierte Zähne sind im Oberkiefer nicht nachzuweisen. Die letzten 3 Zähne des Oberkieferknochens sind gewöhnlich etwas vergrößert. Wie bei allen Reptilien werden die

Zähne ständig nachgeschoben, so daß etwaige Verluste rasch ausgeglichen werden können. ROSSMAN & STEWART (1987) verweisen auf die Tatsache, daß eine teilweise Spezialisierung der Bezahnung in Abhängigkeit von der Lebensweise von Strumpfbandnattern (aquatil oder terrestrisch) und daraus folgend unterschiedlicher Beutespektren, erfolgen kann (siehe Tab. 2). Stärker aquatile Arten weisen eine größere Anzahl von Zähnen auf (Fischfresser!). Besonders deutlich heben sich diesbezüglich *T. proximus* und *T. sauritus* von den anderen Arten ab.

Tab. 2: Durchschnittliche Anzahl von Zähnen bei verschiedenen *Thamnophis*-Arten.

Spezies u. Geschl.		Maxillare	Palatinum	Dentale	Pterygoid	Autoren
mendax	♂♂	22	–	–	–	ROSSMAN (1992)
	♀♀	22	–	–	–	
cyrtopsis						
collaris	?	27	–	–	–	WEBB (1982)
fulvus	?	28	–	–	–	WEBB (1982)
exsul	?	19 – 21	–	–	–	ROSSMAN et al. (1989)
marcianus	?	22 – 31	–	–	–	ROSSMAN (1971)
elegans						
errans	?	16 – 19	–	–	–	WEBB (1976)
e. elegans	♂♂	16,8	9,8	17,3	18,7	ROSSMAN (1979)
	♀♀	16,0	9,5	17,3	17,6	
atratus						
hydrophilus	♂♂	24,1	14,5	27,9	26,1	ROSSMAN (1979)
	♀♀	23,2	13,3	27,1	24,6	
proximus	?	30,0	19,7	33,8	32,7	ROSSMAN (1963)
sauritus	?	30,4	21,0	37,1	34,3	ROSSMAN (1963)

In die Mundhöhle münden eine Reihe von Drüsen, deren Aufgabe es ist, den Raum anzufeuchten, das Abschlucken der Nahrung zu erleichtern und die Verdauung einzuleiten. Deutlich lassen sich Ober- und Unterlippendrüsen bei *Thamnophis* nachweisen, gut ausgeprägt ist die sogenannte »Duvernoy'sche Drüse« (Glandula parotis). Letztere wurde in den vergangenen Jahren mehrfach untersucht, da man annimmt, daß die Giftdrüsen der Viperidae und Elapidae phylogenetisch auf diese zurückzuführen sind. JANSEN & FOEHRING (1983) haben den Sekretions- und Freisetzungsvorgang des Drüseninhalts bei *T. sirtalis* untersucht. Im Gegensatz zu Giftschlangen besteht hier keine sehnige Verbindung zwischen Drüse und umgebender Muskulatur, Myoepithelien sind in der Drüse selbst nur spärlich vorhanden. Das Sekret kann nur freigesetzt werden, wenn bei Kontraktion der umgebenden Muskulatur der Drüseninnendruck ansteigt. Durch Anlegen von Elektroden ließ sich das Ergebnis bestätigen.

Das Sekret selbst unterscheidet sich von dem der anderen Drüsen (Glandulae labialis superior et labialis inferior) durch einen stark bakteriostatischen Charakter. JANSEN (1983) sieht die Hauptaufgabe des Sekrets in der Abtötung pathogener Keime, die den Beutetieren anhaften.

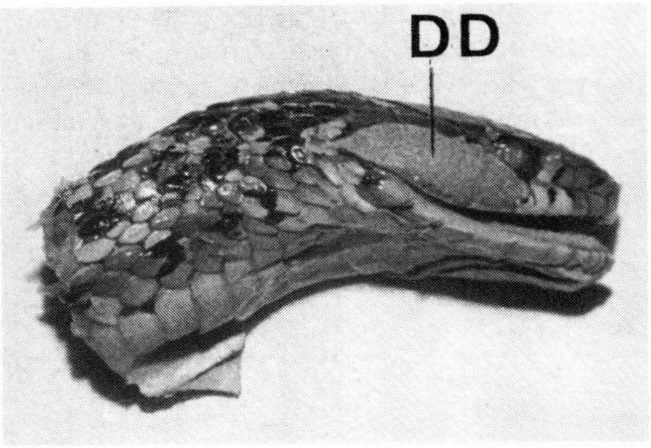

Abb. 15: Freipräparierte Duvernoy'schen Drüse bei einer *T. radix.*

Der Enzymcharakter des Sekrets dürfte bei der eingeleiteten Verdauung im Bereiche der Mundhöhle ebenso ausschlaggebend sein.

Mit Hilfe elektrophoretischer Untersuchungen haben MINTON & WEINSTEIN (1987) den Nachweis geführt, daß eine Ähnlichkeit zwischen den Sekreten der Duvernoy'schen Drüse von mehreren Nattern (u. a. *T. elegans* und *T. sirtalis*) und dem Gift verschiedener Elapiden besteht, wodurch die These der Abstammung der Giftnattern von den Colubriden unterstrichen wird.

Da keine direkte Verbindung des Drüsenausführungsganges mit einem Giftzahn bei Strumpfbandnattern vorhanden ist (Ausführungsgang endet hinter letztem Oberkieferzahn), nimmt die Drüse beim Beutefang eine untergeordnete Stellung ein und macht den Umgang mit den Tieren für den Menschen ungefährlich. Allerdings wurde wiederholt über Vergiftungserscheinungen bei gebissenen Personen berichtet. MINTON & WEINSTEIN (1987) verweisen auf leichte Reaktionen nach Bissen von *T. sirtalis* und *T. elegans*. In einem Artikel von HAYES & HAYES (1986) wird berichtet, daß ein 13-jähriger Jugendlicher, der von einer Strumpfbandnatter (*T. sirtalis*) gebissen wurde, einer stationären Behandlung unterzogen werden mußte. Der Patient wies Untertemperatur, Ödeme und punktförmige Blutungen an der Bißstelle auf. Allergische Reaktionen oder Sekundärinfektionen schlossen die Autoren aus. Derlei Fälle sind jedoch äußerst selten, wurden aber auch schon bei anderen ungiftigen Nattern beobachtet. Von einer als Tierärztin tätigen Kollegin, die sich intensiv mit Reptilien beschäftigt, wurde mir von einem Fall berichtet, bei dem ein Terrarianer von einer *T. s. similis* in den Unterarm gebissen wurde. Als Folgeerscheinung trat eine massive Rötung der Bißstelle auf, die sich innerhalb von 3 Tagen auf den gesamten Unterarm ausbreitete. Die Extremität schwoll stark an und zeigte vermehrte Schmerzhaftigkeit. Nach etwa einer Woche ließ die Schwellung nach.

Vergleichende Studien zur Toxizität von Drüsensekreten bei verschiedenen Colubriden führten ROSENBERG et al. (1985) durch. Als Kriterium wurden die LD-50-Werte bei Mäusen herangezogen, die mit Drüsensekret von *Malpolon-*, *Spalerosophis-* und *Thamnophis*-Arten behandelt wurden. Im Ergebnis ließ sich eine verhältnismäßig geringe Toxizität bei *Thamnophis* ableiten. Während bei *Malpolon*

6,5 mg/kg, bei *Spalerosophis* 2,75 mg/kg Körpermasse der Maus ausreichten, um 50 % der Versuchstiere zu töten, waren bei *Thamnophis* mindestens 33,3 mg/kg notwendig. VEST (1981) ermittelte bei Mäusen, denen das Sekret von *T. e. vagrans* intraperitoneal appliziert wurde, eine LD-50 bei 13,85 mg/kg. Wurde die Dosis von 15 mg/kg überschritten, verendeten alle Probanden. Postmortal zeigten sich systemische Blutungen (Haemorrhagien) vor allem in den Lungen, als auch in der Mundschleimhaut, Zwerchfell sowie in der Leber. Hirn, Nieren, Milz und Darmtrakt blieben unverändert. Als Todesursache war in allen Fällen das Versagen der Atemfunktion anzusehen. Die Angaben lassen auf eine größere Schwankungsbreite der Toxizität von Sekreten verschiedener *Thamnophis*-Arten schließen.

Die sich dem Mund- und Rachenraum anschließende, sehr dehnungsfähige Speiseröhre (Ösophagus) mündet kurz vor der Körpermitte in den einhöhligen Magen ein. Der Magen ist im vorderen Abschnitt drüsenarm und dient als Auffangbehälter für die ankommende Nahrung, der Drüsenreichtum nimmt nach caudal zu. Im hinteren, drüsenreichen Magenabschnitt wird der Nahrungsaufschluß verstärkt fortgesetzt, im sich anschließenden Dünndarm weiter geführt und das Gros der Nährstoffe resorbiert. Im Dickdarm wird dem Nahrungsbrei Wasser entzogen, im Enddarmabschnitt letztlich der Kot durch Ringfalten und -muskeln gestaut, um später über die Kloake abgegeben zu werden. Dem Darmtrakt sind als Anhangsdrüsen ein kompaktes Pankreas sowie eine langgestreckte Leber zugeordnet, beide in umfangreiche Fettpolster eingebettet.

2.4.2 Urogenitalsystem

Der Körperform stark angepaßt, haben Nieren und Gonaden eine langgestreckte Gestalt angenommen. Die linke Niere ist leicht nach caudal versetzt. Beide Nieren sind reich gelappt und geben den Harn über die Harnleiter ab, welche in die Kloake einmünden.

Bei den männlichen Schlangen liegen vor den Nieren die Hoden, der linke wiederum etwas weiter hinten. Die von den Hoden (Testes) abziehenden Samenleiter münden kurz vor der Kloake an einer verdickten Stelle in die Harnleiter und somit in die Kloake ein. Eine Furchung zieht von der Kloake zu den paarig angelegten Hemipenes, die in einer taschenartigen Vertiefung im Bereiche der Schwanzwurzel liegen und zur Begattung ausgestülpt werden. Diese Begattungsorgane besitzen artspezifische Strukturen auf ihrer Oberfläche, die mit zunehmendem Alter verknöchern und sich somit röntgenologisch nachweisen lassen. Sie dienen bei der Paarung zur Verankerung in der Kloake des Weibchens. Allen *Thamnophis*-Arten sind ein unverzweigter Sulcus und 5 größere Dornen im basalen Drittel des Organs typisch. Die eingestülpten Hemipenestaschen reichen durchschnittlich bis zum 14. Subcaudalschild (13. – 17.).

Bei den weiblichen Tieren sind die Eierstöcke (Ovarien) ähnlich der Hoden der männlichen Tiere angeordnet. Die reifen Eier werden bei der Ovulation von einer taschenförmigen Erweiterung des Eileiters (Infundibulum) aufgefangen. Im Eileiter findet auch die Befruchtung sowie die Embryonalentwicklung statt.

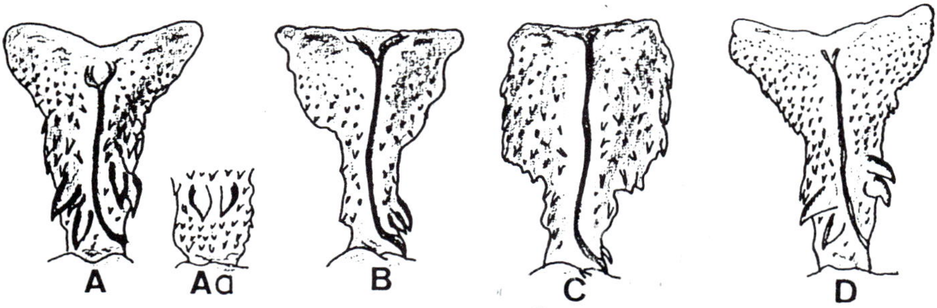

Abb. 16: Hemipenisstrukturen bei verschiedenen *Thamnophis*-Arten. A *T. cyrtopsis collaris*; Aa sulcus abgewandte Seite; B *T. radix*; C *T. sirtalis*; D *T. fulvus* (nach DOWLING & SAVAGE 1960, Webb 1982).

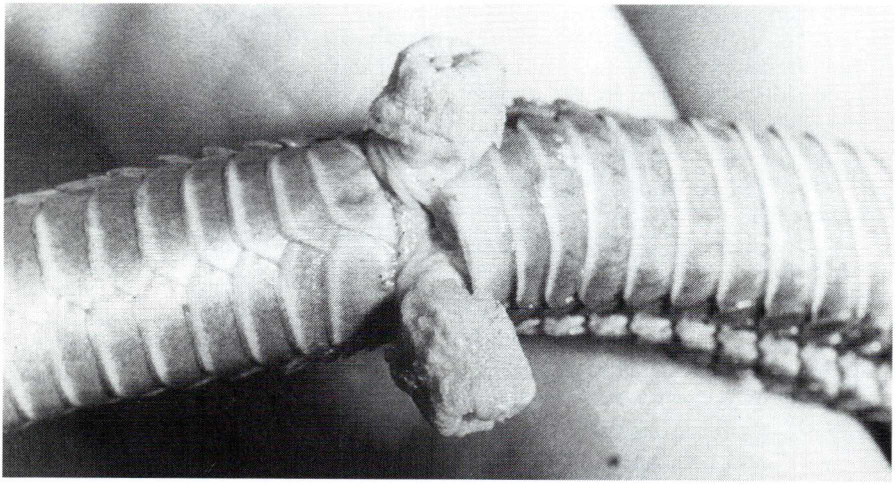

Abb. 17: Darstellung der Hemipenes bei einer Rotseitigen Strumpfbandnatter (*T. sirtalis parietalis*).

Ein bei Reptilien weitverbreitetes Phänomen ist die Fähigkeit, befruchtungsfähige Spermien über längere Zeit im Oviduct speichern zu können, so daß eine Gravidität auch ohne direkt vorausgegangene Paarung möglich wird (Amphigonia retardata). FOX (1956) beschreibt, daß *T. sirtalis* und *T. elegans* im Bereiche des Eileitertubus einen Samenbehälter (Receptaculum seminis) in Form modifizierter Alveolardrüsen besitzen. Die Drüsen enthalten eine einfache zilienlose Epithelschicht, in deren Zytoplasma die Spermien eindringen, nachdem sie durch die zilienbesetzten Drüsengänge gewissermaßen in den Drüseninnenraum »hineingefächert« wurden. Der Autor nimmt an, daß die Spermien hier bis zu einem Jahr ihre Befruchtungsfähigkeit erhalten können. Nach eigenen Erfahrungen ist eine noch längere Überlebensdauer der Spermien möglich. So wurde mir in der Praxis eine *T. s. sirtalis* zur

Abb. 18 (rechts innen): Schema des Urogenitaltraktes einer männlichen Strumpfbandnatter. H Hoden; NH Nebenhoden; N Nieren; SL Samenleiter; K Kloakenregion; HP Hemipenis. Zeichnung: GAEDICKE.

Abb. 19 (rechts außen): Schema des Urogenitalsystems einer weiblichen Strumpfbandnatter. O Ovar; EL Eileiter; N Nieren; K Kloakenregion. Zeichnung: GAEDICKE.

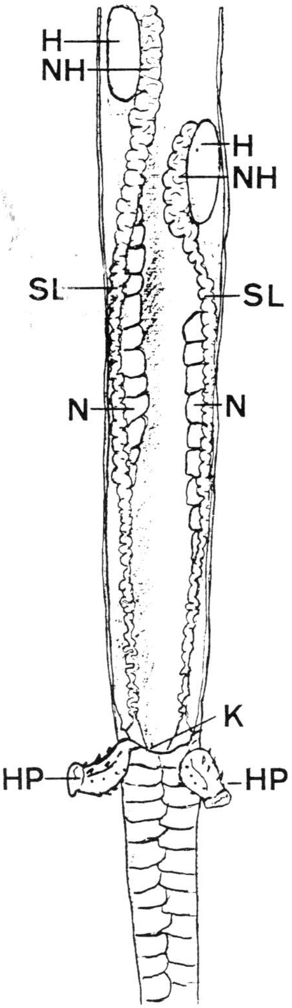

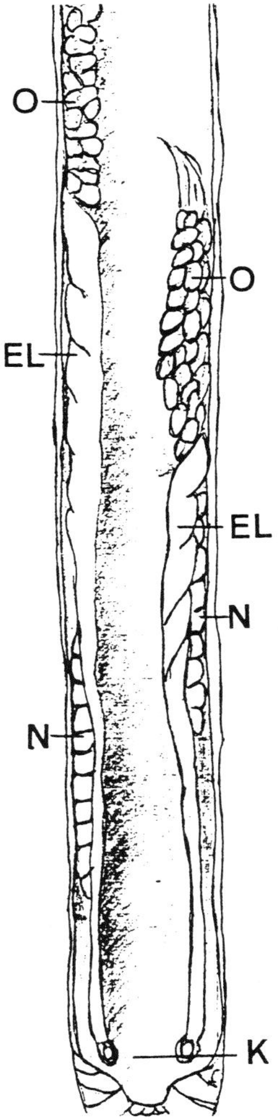

Feststellung einer eventuellen Gravidität vorgestellt, die seit über 2 Jahren keinen Kontakt zu einem Männchen hatte. Das Tier litt an »Legenot« und mußte operiert werden. Unter Beachtung einer verlängerten Gravidität und des Einflusses der Winterruhe lag der letztmögliche Paarungstermin fast 19 Monate zurück. BLACKBURN (1992) diskutiert eine Nachricht, bei der eine Strumpfbandnatter nach 5 Jahren noch fertile Spermien aufwies. Da jedoch keine Speziesangabe erfolgte, kann diese Meldung nicht ohne weiteres akzeptiert werden. Als längste, wissenschaftlich dokumentierte Haltbarkeitsdauer für befruchtungsfähige Spermien gibt der Autor einen Bericht von STEWART (1972) wieder, nach dem bei einer *T. couchii* nach 58 Monaten noch Spermien gefunden wurden.

Ein großer Abschnitt des Eileiters dient der Reifung der befruchteten Eizellen bzw. Embryonen, erfüllt also die Funktion eines Uterus, in dem die Entwicklung der Jungschlangen bis zur Geburt verläuft.

2.4.3 Herz–Kreislaufsystem, Atmungsapparat

Wie bei allen Schlangen ist das Herz der Strumpfbandnatter nur unvollkommen durch ein Septum, in ein linkes und rechtes — eigentlich eher oberes und unteres — Kammersystem unterteilt, so daß es zu einer Durchmischung des sauerstoffarmen und sauerstoffreichen Blutes kommt. Dabei garantiert ein Lamellensystem, daß ein Großteil des sauerstoffreichen Blutes in die Aorta gepumpt wird.

Abb. 20: Frontalstudie einer *T. radix* (Alkoholpräparat). Beachte den weit vorn in der Maulhöhle liegenden Luftröhreneingang.

Die Atmung der Schlangen ist durch eine eigenartige Rhythmik gekennzeichnet, wobei jeweils Pausen zwischen Ein- und Ausatmung eingelegt werden. Die Atemluft wird über den Kehlkopfeingang eingesogen, der weit vorn in der Mundhöhle liegt und sogar aus dieser herausgeschoben werden kann. Durch die im Kehlkopf liegende Glottis sind die meisten Schlangen zum Zischen befähigt, jedoch zischen Strumpfbandnattern kaum. In der anschließenden Luftröhre (Trachea) beginnt im hinteren Drittel bereits der Gasaustausch, da hier schon entsprechende Epithelstrukturen (Tracheallunge) vorliegen. Die Lunge selbst ist auf der linken Körperseite stark zurückgebildet, erstreckt sich rechts aber weit nach caudal. Im hinteren

Lungenabschnitt nimmt das respiratorische Epithel ab, so daß ein Luftsack als Luftreservebehälter entsteht, der nur einen dünnwandigen Serosasack darstellt und z. B. beim Schlingakt dem respiratorischem Gewebe Atemluft zuführt.

2.4.4 Sinnesorgane und Zentralnervensystem

Unter den Sinnesleistungen nimmt der Geruchssinn bei Reptilien einen besonderen Rang ein und ist auch bei Wassernattern stark entwickelt. Bei der Geruchswahrnehmung besitzt das Jacobson'sche Organ (Organon vomeronasale) eine herausragende Bedeutung und ist über den Nervus vomeronasale direkt mit den Riechkolben des Gehirns verbunden. Das Organ ist als Ausstülpung der Nasenanlage anzusehen und reich mit Sinnesepithel ausgestattet. Während der Embryonalentwicklung erfolgt die Trennung von der eigentlichen Nase und die Herausbildung von Verbindungsgängen zur Mundhöhle. Durch die Verbindung zum Tränengang wird das Organ ständig feucht und damit funktionstüchtig gehalten. Über die Zunge treten die Geruchspartikel an das Epithel heran. PETZOLD (1983) weist darauf hin, daß es nach wie vor unklar ist, ob dabei die Zunge direkt in die Zuführungsgänge eindringt.

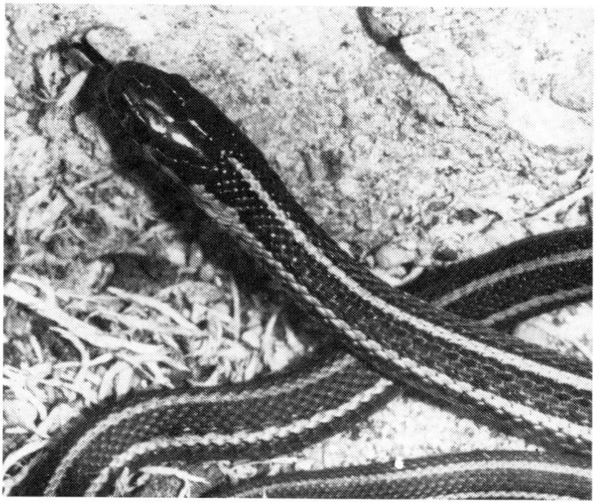

Abb. 21: Aufmerksam züngelnd erkundet diese *T. butleri* die neue Umgebung im Terrarium.

Versuche mit Strumpfbandnattern zeigten, daß bei Ausschaltung des Organs das Verhalten der Schlangen stark verändert wurde, wobei besonders die Orientierung sowie die Beuteauffindung beeinträchtigt waren. WANG & HALPERN (1982) geben an, daß bei Durchtrennung der Vomeronasalnerven unspezifische Zellagen die Sinnesepithelien verdrängen.

In diesem Zusammenhang muß erwähnt werden, daß ein Geschmackssinn bei Schlangen nicht vorhanden zu sein scheint, da entsprechende Rezeptoren bisher noch nicht nachgewiesen sind.

Thamnophis-Arten haben als tagaktive Tiere einen verhältnismäßig gut ausgebildeten Gesichtssinn. Sie besitzen typische große Natternaugen mit runder Pupille. Das

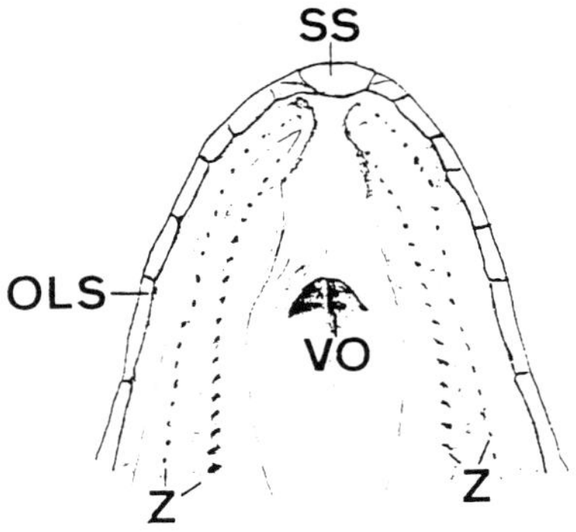

Abb. 22: Darstellung der Zugänge zum Vomeronasalorgan bei einer Strumpfbandnatter im Gaumendach. SS Schnauzenschild; OLS Oberlippenschild; VO Zugänge zum Vomeronasalorgan; Z Zahnreihen.

Abb. 23: Einige Tage vor der bevorstehenden Häutung sind die Augen dieser Rotseitigen Strumpfbandnatter (*T. s. parietalis*) durch die sogenannte »Häutungslymphe« getrübt.

obere und untere Augenlid ist verwachsen, die somit entstandene »Brille« dient als Schutzvorrichtung und wird im Zusammenhang mit der Häutung der Schlangen ständig erneuert. Die Linse der Augen kann lediglich in ihrer Stellung, nicht in der Form verändert werden. Auf der Netzhaut dominieren zapfenförmige Sinneszellen, die der tagaktiven Lebensweise entsprechen.

Ein Farbensehen scheint bei Nattern möglich zu sein. Nach ENGELMANN & OBST (1981) wurden bei Wassernattern Farbrezeptoren für rote und grüne Farbbereiche festgestellt. Durch die geringe Akkomodationsfähigkeit der Augen bedingt, sind Schlangen relativ kurzsichtig. Strumpfbandnattern können kleinere Beutetiere visuell auf eine Entfernung von 30 bis 50 cm ausmachen.

Stärker aquatil lebende *Thamnophis*-Arten sind in der Lage, ihre Sehschärfe den Verhältnissen unter der Wasseroberfläche anzupassen, wobei sie sich unterschiedlicher Mechanismen bedienen. So paßt die kalifornische *T. couchi* ihren Sehapparat durch eine starke Pupillenkonstriktion (Verkleinerung bis zu zwei Dritteln der Pupillenöffnung) den Unterwasserbedingungen an. Dagegen weiß man von *T. (N.) melanogaster* noch nicht genau, wie sie ihre erstaunliche Fokussierung der Sehschärfe realisiert. SCHEFFEL & DE QUEIROZ (1990) berichten über eine Zunahme der Brechkraft des Augenapparates bis zu 100 Dioptrien. Dies ist enorm, bedenkt man, daß Säuger (Pferd, Hund, Katze) lediglich 2 – 4 Dioptrien, Menschen bis zu 20 Dioptrien erreichen. Andere, weniger dem aquatilen Leben angepaßte *Thamnophis*-

Arten besitzen solche Fähigkeiten nicht, jedoch sind ähnliche Verhältnisse bei weiteren Gattungen der Natricinae zu finden. Die europäische Würfelnatter (*Natrix tessellata*) zum Beispiel besitzt eine enorm weiche Linse, so daß sich die Sehkraft aufgrund der Druckverhältnisse unter Wasser fast »automatisch« den entsprechenden Bedingungen anpaßt.

Ebenfalls gut entwickelt stellt sich der Tastsinn dar. Dieser wird über Rezeptoren an der Zungenspitze sowie im Bereich der äußeren Haut realisiert. Besonders reich an Rezeptoren sind die Ober- und Unterseite des Kopfes, das Rostrum, die Oberlippenschilde und die Ränder der Ventralia. Weiterhin sind die Schuppen in der Kloakenregion vermehrt mit sensorischen Rezeptoren versehen und sprechen somit auf Berührungsreize gut an, was bei der Paarung zugute kommt. Die Thermorezeption hat einen entscheidenden Einfluß auf die gesamte Lebensweise der Schlangen. Obwohl Strumpfbandnattern nicht so hoch entwickelte Organe zur Wahrnehmung von Temperaturunterschieden wie zum Beispiel die Grubenottern besitzen, können sie bereits auf geringfügige Temperaturänderungen reagieren. Die Thermorezeption erfolgt über Nervenenden, die über die gesamte Körperoberfläche verteilt sind und über Synapsen und Nervenbahnen mit dem Zentralnervensystem in Verbindung stehen.

Das Zentralnervensystem (Gehirn und Rückenmark) mutet bei allen Reptilien sehr archaisch an. Aufgrund des relativ hoch entwickelten Zwischenhirns, in dem unter anderem die neurohormonelle Regulation wichtiger Lebensvorgänge erfolgt, werden Schlangen als sogenannte »Zwischenhirntiere« angesprochen. In diesem Bereich finden sich solch lebenswichtige Zentren wie Epiphyse (Zirbeldrüse) und Hypophyse (Hirnanhangsdrüse), die entwicklungsgeschichtlich mit den Parietalorgan, dem sogenannten Scheitelauge, verbunden waren. Von diesen Zentren aus werden der Stoffwechsel, die Aktivität sowie die Fortpflanzung maßgeblich beeinflußt. Dagegen erscheint das bei Säugern gut entwickelte Vorderhirn als klein und wird hauptsächlich durch die beiden Riechkolben (Bulbi olfactorii) sowie die Bulbi accessorii repräsentiert, wohingegen die beiden Großhirnhemisphären nur schwach ausgebildet sind. Das dem Zwischenhirn nachgelagerte Mittelhirn entsendet bei den Strumpfbandnattern gut entwickelte Sehnerven (Nervi optici), die von hier zu den Augen ziehen. Zudem werden hier Funktionen erfüllt, die beim Säuger im Großhirn realisiert werden. Das winzige Kleinhirn geht in das verlängerte Rückenmark (Medulla oblongata) über, wobei in letzterem die Verarbeitung statoakustischer Reize erfolgt. Das sich anschließende Rückenmark zieht bis in den Bereich der Schwanzspitze und sendet in den Zwischenwirbelabschnitten Nerven aus, die der Versorgung der jeweiligen Körperregion dienen.

3 Lebensweise, Reproduktion und Einfügung in das Ökosystem

3.1 Verbreitung und Habitate

Strumpfbandnattern sind über weite Teile Nord- und Mittelamerikas verbreitet, das Vorkommensgebiet erstreckt sich vom Pazifik bis zur Atlantikküste, südlich vom zentralen Costa Rica (etwa 10. Grad nördlicher Breite) bis auf Höhe des 60. Breitengrades im kanadischen Raum und im äußersten Süden Alaskas, wobei *T. sirtalis* das am weitesten nach Norden vordringende Reptil der westlichen Hemisphäre überhaupt darstellt.

De Espinosa (1977) verweist auf das Vorkommen von *T. proximus* in Peru. Ob es sich hier um ein natürliches Vorkommen handelt, oder um eine durch Einschleppung entstandene Population ist fraglich.

Aus diesen Angaben geht hervor, daß die Gattung im nearktischen, als auch im neotropischen Raum heimisch ist. Ebenso verschieden wie die klimatischen Verhältnisse gestalten sich die bevorzugten Lebensräume. Strumpfbandnattern bewohnen sowohl flache Küsten- und Niederungsgebiete, ebenso aber auch hügeliges und bergiges Gelände. Manche Arten dringen in ihren montanen Lebensräumen bis über die Baumgrenze hinaus vor, (*T. scalaris, T. vicinus*). Innerhalb der Gattung unterscheiden sich Arten mit spezialisierter Lebensweise und entsprechenden Ansprüchen an die Habitate von sehr anpassungsfähigen Arten. Es lassen sich semiaquatil und terrestrisch lebende Arten unterscheiden. Während z. B. *T. elegans* terrestrische Habitate, zum Teil sehr trockene Sanddünengebiete, bevorzugt, leben die eng verwandten *T. atratus*-Unterarten immer in Gewässernähe. Andererseits gibt es auch Populationen von *T. elegans*, die eine semiaquatile Lebensweise führen, so daß innerhalb der Arten eine Spezialisierung möglich ist. Ein Beispiel für sehr anpassungsfähige »Generalisten« ist die Gemeine Strumpfbandnatter (*T. sirtalis*),

Abb. 24: Typischer Biotop in den Everglades von Florida. Hier sind *T. sauritus sackenii* und *T. s. sirtalis* häufig.

Abb. 25: Fundort von *T. sirtalis* im Grenzgebiet zwischen Florida und Alabama.

Abb. 26: Fundort von *T. cyrtopsis* in New Mexico. Aufn: SCHNEIDER.

die in den unterschiedlichsten Habitaten zu finden ist. Eine Reihe von Vertretern der Gattung kann als Kulturfolger betrachtet werden (*T. radix, T. sauritus, T. sirtalis*). Vor allem *T. sirtalis* scheut die Nähe menschlicher Ansiedlungen nicht, wird häufig in Gärten, Plantagen und anderen Kulturlandschaften angetroffen und kann mitunter selbst in groß städtischen Parkanlagen beobachtet werden. Demgegenüber stehen sehr scheue Arten, wie z. B. *T. ordinoides* oder *T. rufipunctatus*, die die Nähe des Menschen meiden. Auf die jeweils von den einzelnen Spezies bevorzugten Lebensräume wird bei der Artbeschreibung nochmals detailliert eingegangen.

3.2 Temperatureinfluß, cirkadianer Rhythmus und Hibernation

Schlangen gehören wie alle Reptilien zu den poikilothermen Tieren, besitzen also ein gering ausgeprägtes Temperaturregulationsvermögen und sind somit stark von den Umgebungstemperaturen abhängig. Die Zusammenhänge zwischen Temperatur, physiologischen Grundvorgängen und Verhaltensweisen wurden am Beispiel verschiedener Strumpfbandnatterarten in jüngster Zeit verstärkt untersucht. Die dabei gewonnenen Erkenntnisse haben den wissenschaftlichen Einblick in die

Biologie der Reptilien wesentlich vertieft. MURRISH & VANCE (1968) konnten nachweisen, daß Reptilien in der Lage sind, ihre Herzaktivität den Umgebungstemperaturen entsprechend anzupassen.

Tab. 3: Herzaktionen bei unterschiedlicher Umgebungstemperatur (*T. s. parietalis*).

Temperatur (in °C)	Herzaktionen/Minute
25	43 (42 – 48)
18	38 (33 – 42)
12	12 (5 – 13)

JACOB & PAINTER (1980) haben in Versuchen mit 10 *T. sirtalis* bei Temperaturen unter 10 °C eine durchschnittliche Herzfrequenz von 10 Herzaktionen pro Minute ermittelt. In mehreren, von mir selbst durchgeführten Versuchen an einer 2-jährigen männlichen Strumpfbandnatter (*T. s. parietalis*) konnten mit Hilfe eines EKG ähnliche Werte unter Laborbedingungen festgestellt werden (siehe Tab. 3). ALEKSIUK (1976) beschreibt in diesem Zusammenhang das Zusammenwirken von physiologischen Abläufen und Verhaltensstrukturen bei *T. s. parietalis*. Wie bekannt, nehmen die Schlangen durch das Aufsuchen bestimmter Örtlichkeiten, an denen geeignete Temperaturen herrschen, auf ihren Stoffwechsel Einfluß. Die Tiere waren bei Temperaturen im Bereich zwischen 17 und 30 °C aktiv. Der Temperaturkoeffizient (Q 10) war bei voller Stoffwechselleistung relativ niedrig, so daß der Autor davon ausgeht, daß dieser insgesamt wenig Bedeutung bei der Beurteilung der Stoffwechselleistungen hat. Der Koeffizient gibt die Geschwindigkeit an, mit der der Ablauf von biologischen Prozessen verändert wird, wenn die Temperatur um 10 °C angehoben oder gesenkt wird.

Tab. 4: Temperaturkoeffizienten bei unterschiedlichen Körpertemperaturen (nach STEVENSON et al. 1985).

Temperaturbereiche in °C (Körpertemp.)	Temperaturkoeffizient (Q 10)
25 – 35	5,0
15 – 25	1,3
5 – 15	2,4

Bei kühleren Temperaturen suchen die Schlangen Schlupfwinkel auf, stellen die Nahrungsaufnahme ein und senken die metabolische Rate, der Temperaturkoeffizient steigt dabei an. STEVENSON et al. (1985) konnten die Aussagen bestätigen. Danach war der Temperaturkoeffizient bei *T. elegans* bei 25 – 30 °C hoch, sank bei Temperaturen darunter wieder ab und stieg wiederum bei Temperaturen um 10 °C (siehe Tab. 4). Gleiche Autoren führen an, daß die Körpertemperatur der untersuchten Schlangen im Verlaufe des Tages zwischen 4 und 33 °C schwankte. Sie untersuchten weitere Körperfunktionen bei unterschiedlichen Körpertemperaturen. Alle Körperfunktionen waren am Tage am stärksten ausgeprägt. Am deutlichsten zeigte sich die Verdauung von der Temperatur abhängig. Die Nahrungsaufnahme wurde bei Temperaturen unter 10 °C eingestellt, bei Temperaturen über 20 °C stieg die Verdauungsrate stark an und erreichte ihr Maximum im Bereich zwischen 25 und 35 °C (0,45 Mäuse/Tag). Bei Temperaturen unter 30 °C sank die Bewegungsaktivität. Die schnellsten Bewegungen beim Schwimmen wurden mit 0,65 m/s bei einer Körpertemperatur von 28,5 °C erreicht. Damit waren die Schwimmbewegungen am wenigsten von der Körpertemperatur abhängig. Beim Kriechen erreichten die Nattern im »Speed« 0,74 m/s bei einer Temperatur von 34,5 °C. Die Züngelbewegungen erreichten bei Temperaturen über 30 °C eine max. Frequenz von 22 Hz.

ALEKSIUK (1971) verglich den temperaturabhängigen Grundumsatz von *T. sirtalis*–Unterarten. Die kälteadaptierte *T. s. parietalis* aus Kanada wies deutliche temperaturkompensive Fähigkeiten auf, wohingegen *T. s. sirtalis* aus subtropischen Regionen Floridas eine gleichbleibend lineare Korrelation zwischen Umgebungstemperatur und Grundaktivität (»standard metabolism«) aufwies. GREGORY (1984) gibt an, daß die Körpertemperatur von *T. sirtalis* unter bestimmten Bedingungen relativ unabhängig von der Umgebungstemperatur sein kann. Das trifft vor allem für Schlangen in Bewegung und während des Sonnenbadens zu, der Einfluß der Umgebungstemperatur auf die Körperwärme ist bei ruhenden Schlangen im Versteck am größten.

Nach Angaben von GREGORY (1990) bleibt die Körpertemperatur von Strumpfbandnattern während der Aktivitätsperiode eines Tages relativ konstant. Sie ist am frühen Morgen sehr niedrig, steigt jedoch rasch an und bleibt bis zum Absinken am Abend auf einem annähernd gleichen Niveau. Interessant ist, daß die Schlangen die Temperaturerhöhung aktiv zu unterstützen scheinen. Am Morgen versuchen die Tiere zuerst den Kopf durch sogenanntes »Head basking« an sonnigen Plätzen zu erwärmen, so daß eine Temperaturdifferenz zwischen Kopf- und Rumpfbereich entsteht. Diese Differenzen werden später ausgeglichen. Ergänzend sei auf die Arbeit von ROSEN (1991) hingewiesen, der in umfangreichen Felduntersuchungen die Körpertemperaturen verschiedener Strumpfbandnatterapten aus dem gesamten nordamerikanischen Verbreitungsgebiet studierte und in Abhängigkeit von der Aktivität, Klima, Tageszeit, Witterung und Reproduktionszyklus miteinander verglich. Dabei fand er heraus, daß innerhalb der Gattung *Thamnophis* annähernd gleiche Körpertemperaturen vorliegen und nur geringe Unterschiede zwischen einzelnen Spezies auftreten. Die während der Aktivitätsphase erreichten Temperaturen schwankten zwischen 28,04 °C und 30,53 °C. Durch thermoregulatorisches Verhalten wird es den Tieren möglich, sich den herrschenden Klimabedingungen anzupassen.

ALEKSIUK (1970) führt als wesentlichste Einflußfaktoren auf die Stoffwechselleistungen von *T. s. parietalis* den Luft–Boden–Temperaturgradienten und die Sonneneinstrahlung an. Dabei geht der Autor von der grundsätzlichen Feststellung aus, daß die Poikilothermie der Schlangen in Gebieten mit krassen Temperaturschwankungen und langen Kälteperioden eine Schutzfunktion erfüllt. Die geringe Möglichkeit der Temperaturkompensation zwingt die Tiere, im Herbst beim allgemeinen Absinken der Außentemperaturen die Winterquartiere aufzusuchen. Damit können sie einem plötzlichen Kälteeinbruch entgehen. Gleichzeitig wird gesichert, daß der Energieverbrauch im Winter minimal ist. Der Temperaturgradient, in diesem Fall durch Temperaturdifferenzen zwischen Winterquartieren und Außenwelt dargestellt, ermöglicht den Schlangen das Aufsuchen der Lokalitäten und im

Frühjahr stimuliert er umgekehrt wiederum das Verlassen. Der fehlende Einfluß der Sonneneinstrahlung im Winter auf das neurohormonelle System (Epiphysen-Hypothalamus-Hypophysenkomplex) hat zur Folge, daß der Stoffwechsel eingeschränkt wird. Dies geschieht vor allem durch eine geminderte Freisetzung von Thyroxin und Katecholaminen, beides Verbindungen mit stoffwechselregulatorischen Eigenschaften. CONSTANZO (1986) verglich den Energieverbrauch von *T. sirtalis* während der Winterruhe unter Laborbedingungen und in Felduntersuchungen. Die Schlangen wurden im Labor 165 Tage lang bei einer Temperatur von 4 °C und ganztägiger Dunkelheit überwintert. Der Energieverbrauch der Tiere war in dieser Zeit extrem niedrig und betrug durchschnittlich 0,42 cal/g Körpermasse und Tag. Bei den Feldbeobachtungen wurde ein Energieverbrauch von 0,45 cal/g Körpermasse und Tag registriert.

BAILEY (1949) berichtet, daß *T. radix* im Verlaufe der Winterruhe durchschnittlich 3 – 7 g an Körpermasse verliert. Die Dauer der Winterruhe hängt also wesentlich von den klimatischen Verhältnissen sowie von artspezifischen Verhaltensmustern ab. In der Regel werden 3 bis 6 Monate — je nach Länge der Frostperiode — in den Winterquartieren verbracht. Im neotropischen Vorkommensgebiet sind die Arten ganzjährig aktiv. Hier ist zu beobachten, daß die Schlangen mitunter auch nachts auf Nahrungssuche gehen und die heißen Mittagsstunden meiden. Steigen die Temperaturen über 35 °C an, suchen die Tiere kühlere Plätze auf. Temperaturen über 40 °C können für die Schlangen lebensgefährlich werden, da sie keine Haut- oder Schweißdrüsen besitzen, die ihnen bei der Wärmeabgabe behilflich sein könnten.

HENDERSON (1977) beschreibt die Lebensweise von *T. proximus* im nördlichen Belize, wobei er auf die ganzjährige Aktivität und die untergeordnete Bedeutung der Regenzeit verweist. Die Regenperiode hat lediglich Einfluß auf das Beutespektrum — in der Hauptsache Amphibienlarven — so daß die Schlangen häufiger bei der Nahrungsaufnahme in Wassernähe zu beobachten sind.

DALRYMPLE et al. (1991) untersuchten die jahreszeitliche Aktivität von Schlangen auf dem Long Pine Key (Everglades Nationalpark, Florida). Sowohl *T. sauritus*, als auch *T. sirtalis* waren ganzjährig aktiv. *T. sauritus* konnte verstärkt in den Monaten Mai bis Juli beobachtet werden, bei *T. sirtalis* ließen sich diskontinuierliche Aktivitätsgipfel nachweisen, am häufigsten war letztgenannte Art im Oktober anzutreffen.

In der gemäßigten Klimazone und im nördlichen Verbreitungsgebiet beginnen von September bis November, je nach Temperaturverhältnissen, die Schlangen in die Winterquartiere zu wandern, die kilometerweit von den im Sommer belebten Habitaten entfernt sein können. Geeignete Unterschlüpfe stellen vor allem Felsspalten, Baugruben, Höhlen, Erdlöcher oder ähnliches dar, in denen der Gefrierpunkt nicht wesentlich unterschritten wird. ALEKSIUK (1970, 1976, 1981) beschreibt die Überwinterung von *T. s. parietalis* im kanadischen Manitoba in Karsthöhlen und Erdlöchern. Die Lufttemperatur beträgt in diesen Höhlen während des Winters fast konstant –1 °C. Die Winterquartiere werden oft von tausenden Schlangen aufgesucht, der Autor schätzte die Anzahl der Nattern in manchen Gruben auf 15 000. Interessant ist die Tatsache, daß die Schlangen jedes Jahr die gleichen Orte zur Hibernation benutzen. Dabei treffen die älteren, »ortskundigen« Schlangen als erste am Platze ein, gefolgt von den Jungschlangen. Die Orientierung der Jungschlangen erfolgt mit Hilfe der »Duftspuren«, die von den älteren Tieren ausgeschieden werden.

LAWSON & SECOY (1991) fanden heraus, daß sich die Prärie-Strumpfbandnattern (*T. radix*) zur Auffindung der Winterquartiere und bei »Wanderungen« an der Sonne orientieren (»use of solar cues«).

Bisweilen werden die Örtlichkeiten von mehreren Arten gemeinsam genutzt. Es ist anzunehmen, daß das enge Zusammendrängen der Schlangen in den Gruben sie vor dem Erfrieren schützt.

Andere Autoren (z. B. LARSEN & GREGORY 1989) sind jedoch der Auffassung, daß die Jungschlangen im ersten Lebensjahr nicht die von den älteren Tieren genutzten Plätze aufsuchen, sondern an bisher unbekannten Lokalitäten überwintern. Genannte Autoren fanden in den Winterquartieren von *T. sirtalis* im nördlichsten Verbreitungsgebiet nur Tiere mit Körperlängen von mehr als 45 cm.

Die Jungschlangen scheinen Möglichkeiten zur Überwinterung »vor Ort« zu suchen, ohne längere Wanderungen auf sich zu nehmen. Potentielle Verstecke stellen die Wohnhöhlen verschiedener Ameisen (*Formica*-Arten) dar. Hier werden neben jungen Strumpfbandnattern gelegentlich auch Amphibien und andere Schlangen, wie die Glatte Grasnatter (*Opheodrys vernalis*) oder die Braunnatter (*Storeria occipitomaculata*), gefunden (LARSEN & HARE 1992).

CONSTANZO et al. (1988) ermittelten in wissenschaftlichen Versuchen, daß *T. sirtalis* in der Lage ist, Minusgrade zu überleben. Die Tiere wurden so stark unterkühlt, daß 36,2 % ihres Körperwassers gefroren waren. Nach der Wiedererwärmung wiesen die Schlangen keinerlei Schädigungen auf. Damit ist *T. sirtalis* die erste Tierart unter den Amnioten, für die wissenschaftlich exakt eine natürliche Gefriertoleranz nachgewiesen werden konnte. Im Gegensatz zu ähnlichen Phänomenen bei Insekten und Fröschen waren keine kryoprotektiven Substanzen (Frostschutzfaktoren) feststellbar.

Weitergehende Untersuchungen beschreiben CHURCHILL & STOREY (1992). Im Labor wurden die Tiere (*T. s. parietalis*) über verschieden lange Zeiträume Temperaturen von –0,8 bis –2,5 °C, bzw. –5,5 °C (»Supercooling«) ausgesetzt. Die Ergebnisse belegen, daß die Überlebenschancen von Schlangen im »Supercooling« dann schnell sanken, wenn die Tiere länger als 5 Stunden den niedrigen Temperaturen ausgesetzt waren. Als meßbare Stoffwechseländerungen geben die Autoren einen um 50 % erhöhten Laktatgehalt in der Herzmuskulatur an. Die Glukosewerte in der Leber erhöhten sich um das Vierfache, zudem wurde ein hoher Aminosäurepool nachgewiesen. Besonders hoch war der Anteil von Taurin im Gewebe. Basierend auf den Ergebnissen folgern die Autoren, daß ein längeres Tolerieren von Minusgraden nicht zur Überlebensstrategie der Schlangen gehört, daß jedoch kurze Kälteeinbrüche (z. B. erste Nachtfröste) das Leben der Tiere nicht ernsthaft gefährden.

LEE (1968) gibt als Aufenthaltsort bei kälteren Temperaturen die nur unter Wasser zu erreichenden Wohnhöhlen vom Bisam (*Neofiber alleni*) an. In Florida wurden wiederholt *T. sauritus* sowie andere Reptilien (*Nerodia*-Arten, *Agkistrodon piscivorus*) und zahlreiche Amphibien dort gefunden.

Auch im Wasser können Strumpfbandnattern überwintern. So macht z. B. CONSTANZO (1986) Angaben über das Hibernationsverhalten von *T. sirtalis* im Portage Country, Wisconsin. Die Schlangen suchten während der Jahre 1981 bis 1984 jedes Jahr eine aus Feldsteinen errichtete Zisterne mit einer Tiefe von 2,45 m auf. Der umgebende Boden war sehr porös und wasserdurchlässig. In der Regel wurde die Zisterne im Oktober aufgesucht und im April wieder verlassen. Die Tiere verbrachten die gesamte Winterruhe im leicht saurem Wasser (pH 5,5 – 6,0). Trotz minimalster Stoffwechselleistungen reagierten die Schlangen bei Störungen sofort mit einem typischen Abwehrverhalten, wie z. B. Abflachen des Vorderkörpers, Entleerung des Darminhaltes und gereiztem Zustoßen bei geöffnetem Maul.

Wie bereits kurz erwähnt, sind artspezifische Verhaltensmuster bezüglich der temperaturabhängigen Aktivität und der Länge der Hibernation zu beobachten. Dies hat vor allem in Gebieten mit sympatrisch lebenden *Thamnophis*-Arten eine nicht geringe Bedeutung für die Populationsstruktur und die Fortpflanzung der Schlangen, wobei einer Hybridisation entgegengewirkt wird.

STEWART (1968) verdeutlicht die unterschiedlichen Aktivitätsperioden anhand von Untersuchungen an *T. ordinoides* und *T. s. concinnus* im Willamette-Valley, Kalifornien (siehe Tab. 5). Bereits an milden Wintertagen waren vereinzelte Exemplare von *T. s. concinnus* zu beobachten, die ihre Winterquartiere verließen, was bei *T. ordinoides* nur sehr selten der Fall gewesen ist. Daraus resultieren unterschiedliche Paarungszeiten für die Arten (*T. s. concinnus* = Mitte Februar bis Anfang April; *T. ordinoides* = Mitte März bis Ende April).

Ähnlich verhält es sich mit dem zirkadianen Rhythmus der einzelnen Arten. Nordamerikanische *Thamnophis*-Spezies sind ausgesprochen tagaktiv, lediglich an heißen Sommertagen sind die Schlangen auch in den Abend- und Nachtstunden auf Nahrungssuche.

Im neotropischen Raum sind die Tiere tag- und nachtaktiv. JORDAN (1967) beobachtete verschiedene Aktivitätsgipfel bei *T. radix* und *T. sirtalis,* die sympatrisch im Itasca-State-Park, Minnesota vorkamen. *T. sirtalis* war generell früher am Tage aktiv und insgesamt länger als *T. radix*. Vor zehn Uhr vormittags konnte keine Art beobachtet werden. Die Aktivitätsgipfel bei *T. sirtalis* lagen in der Zeit von 14 bis 15 Uhr, bei *T. radix* von 11 bis 12 Uhr und 14 bis 16 Uhr (siehe Tab. 6).

3.3 Paarungsverhalten, Gravidität und Geburt

Unter natürlichen Bedingungen sind Strumpfbandnattern mit etwa 2 Jahren geschlechtsreif, zuweilen auch früher. In menschlicher Obhut — mit reichlichem Nahrungsangebot — können die Schlangen bereits sehr frühzeitig zur Fortpflanzung stimuliert werden.

SASSENBURG (1983) beschreibt eine Verkürzung der Zeit bis zum Eintritt der Geschlechtsreife unter Terrarienbedingungen um fast ein Drittel innerhalb von 5 Generationen (Tab. 7).

Tab. 5: Jahreszeitliche Populationsstrukturen von *T. s. concinnus* und *T. ordinoides* im Willamette-Valley (Kalifornien). Die Daten beziehen sich auf die Jahre 1961/1962. Nach STEWART (1968).

Monat	Beobachtungszeit (in h)	Männchen		Weibchen		
		gesamt	adult	gesamt	adult	(%) gravid
T. s. concinnus:						
Jan.	1,0	7	4	0	0	0
Feb.	3,5	14	10	2	2	0
März	9,0	32	21	14	12	0
April	5,0	20	16	11	10	0
Mai	10,5	35	25	36	31	25,8
Juni	21,0	46	27	48	47	55,3
Juli	30,5	51	40	57	50	68,0
Aug.	14,0	17	16	25	24	33,3
Sept.	10,0	9	7	15	14	21,4
Okt.	10,0	18	14	15	14	0
Nov.	0	0	0	0	0	0
Dez.	3,0	3	2	2	2	0
T. ordinoides:						
Jan.	1,0	1	0	0	0	0
Feb.	3,5	0	0	0	0	0
März	9,0	1	1	0	0	0
April	5,0	3	3	0	0	0
Mai	10,5	7	5	10	10	50,0
Juni	21,0	18	15	13	13	69,2
Juli	30,5	14	12	36	36	77,7
Aug.	14,0	17	16	12	12	33,3
Sept.	10,0	10	8	4	4	25,0
Okt.	10,0	12	8	5	5	0
Nov.	0	0	0	0	0	0
Dez.	3,0	0	0	0	0	0

Tab. 6: Tageszeitabhängiger Nachweis von *Thamnophis*-Arten im Zeitraum vom 15. bis 28. Juli 1964 im Manomen Country, Minnesota. Nach JORDAN (1967).

Spezies	Anzahl Tiere im Zeitraum (Uhrzeit)							
	10 – 11	11 – 12	12 – 13	13 – 14	14 – 15	15 – 16	16 – 17	17 – 19
T. sirtalis	3	2	3	1	7	2	0	7
T. radix	0	6	0	3	4	6	0	1

Die Fortpflanzung wird hormonell in einem Zusammenspiel (Feed-back-Mechanismus) zwischen Hormonen des Hypothalamus-Hypophysen-Systems (gonadotrope Hormone) und Hormonen der Keimdrüsen (Androgene, Östrogene bzw. Gestagene) gesteuert. Dieses System ist abhängig von Umweltfaktoren, wobei die jahreszeitlichen Temperaturschwankungen bei den Arten außerhalb der neotropischen Zone ausschlaggebend sind. In diesem Sinne zeigen sich Unterschiede bei

Tab. 7: Überblick über die Verkürzung des Zeitraumes bis zum Eintritt der Geschlechtsreife bei *T. sirtalis* in 5 im Terrarium nachgezogenen Generationen. Nach SASSENBURG (1983).

Generation	Eintritt der Geschlechtsreife in Monaten
F_1	27
F_2	23
F_3	11,5
F_4	13
F_5	9,5

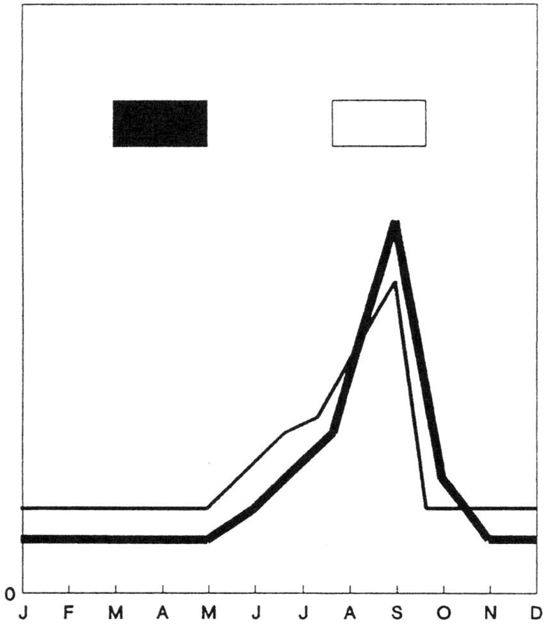

Abb. 27: Diagramm zur Darstellung der Spermiogenese und des Plasmaandrogengehaltes im Verlaufe eines Jahres bei *T. sirtalis*. Die dünne Linie stellt die relative Hodenmasse, die stärkere Linie den Testosterongehalt des Blutplasmas dar. Das leere Rechteck im oberen Bildabschnitt gibt den ungefähren Zeitraum der Spermienbildung, das gefüllte Rechteck die Paarungszeit an. Nach LANCE (1984).

der Fortpflanzung zwischen den in gemäßigten Klimaten lebenden *Thamnophis*-Arten und jenen aus wärmeren Zonen.

Umfangreiche Untersuchungen zur Physiologie der Fortpflanzung von *T. s. parietalis* haben gezeigt, daß ohne eine mehrwöchige Winterruhe bei den weiblichen Schlangen die Ausbildung reifer Follikel ausbleibt (ALEKSIUK 1970, ALEKSIUK & STEWART 1971, ALEKSIUK & GREGORY 1974, FOX 1954). Letztere Autoren geben eine mindestens 4wöchige Winterruhe bei Temperaturen unter 4 °C als notwendig an.

HAWLEY & ALEKSIUK (1975) dokumentierten den jahreszeitlichen Ablauf der Spermiogenese am Beispiel von *T. s. parietalis* aus dem kanadischen Manitoba. Sie stellten einen deutlichen Anstieg von männlichen Sexualhormonen (Androgenen) während der letzten Sommertage und im Herbst fest. Dagegen war der Hormongehalt des Blutes während der Paarungszeit niedrig. Ähnliche Ergebnisse fanden JOHNSON & TORRANCE (1982) beim Wassermokkasin (*Agkistrodon piscivorus*). Bei beiden Arten lag die niedrigste Konzentration von Testosteron im Blut bei 1 ng/ml, stieg im Herbst aber auf fast 100 ng/ml an (siehe Abb. 27). Mit diesen Werten unterschieden sich beide Arten von anderen Schlangen aus nearktischen Vorkommensgebieten. Zum Beispiel wurde von WEIL & ALDRIDGE (1981) bei *Nerodia fasciata* ein hoher Testosterongehalt während der Paarungszeit beschrieben (10 – 15 ng/ml Blut), wobei die Hoden selbst bereits wieder in der degenerativen Phase waren.

Andere Verhältnisse bestehen bei Strumpfbandnattern aus dem neotropischen Raum. GARSTKA & CREWS (1982) kontrollierten die hormonelle Regulation des Fortpflanzungsverhaltens bei *T. melanogaster*. Männliche Schlangen konnten zur Paarung animiert werden, wenn weibliche Nattern kurz vor dem Ovulationszeitpunkt vorgeführt wurden. Der gleiche Effekt ist gegeben, wenn mit Östrogenen behandelte Weibchen hinzugesetzt werden. Der Blutandrogenspiegel bei den Männchen stieg nach Kontakt mit den behandelten Weibchen innerhalb von 6 Tagen von 0,5 ng auf 2,5 ng/ml Blut an, gleichzeitig setzte eine rapide Entwicklung der Hoden und die Spermiogenese ein.

Die Ergebnisse lassen die Schlußfolgerung zu, daß die Entwicklung der Spermien zu einem determinierten Zeitpunkt unterbrochen wird und nach Kontakt mit paarungsbereiten Weibchen wieder verstärkt anläuft. Dies kann dadurch erklärt werden, daß mit Ansteigen des Blutöstrogengehaltes vermehrt Pheromone durch die weiblichen Schlangen freigesetzt werden, die vom männlichen Organismus wahrgenommen, eine vermehrte Ausschüttung gonadotroper Hormone bewirken, welche die Gonaden aktivieren. FORD & KARGES (1986) haben bei *T. marcianus* aus dem südlichen Texas einen deutlichen Östrogengipfel im Blut in den Monaten April und Mai nachgewiesen, gleichzeitig wurden verstärkt Dotterlipoproteine gebildet. GARSTKA et al. (1970) zufolge hat der Lipoproteingehalt des Dotters gravierende Bedeutung für die Pheromonfreisetzung. Bei entsprechend entwickelten Follikeln im Ovar kann sowohl Blutserum als auch ein von der Körperoberfläche der Weibchen gewonnener Extrakt (aus dem Schwanzbereich) bei den Männchen Paarungsverhalten auslösen, selbst wenn es sich bei den mit den Substanzen behandelten Tieren (Auftragen auf die Körperoberfläche) um andere Arten handelte. Einen guten Überblick über die Fortpflanzungsphysiologie von *T. s. parietalis* präsentieren CREWS & GARSTKA (1982). Explizid gehen sie auf die Produktion und Freisetzung von Sexuallockstoffen (Pheromonen) sowie deren Einfluß auf das Paarungsverhalten ein. Angeregt durch die Gonadotropine (die Keimdrüsen stimulierende Hormone) werden in den Follikelwänden Östrogene produziert und freigesetzt. Diese üben einen Einfluß auf die sogenannten »intraabdominalen Fettkörper« aus, die bei gesunden Schlangen einen beachtlichen Teil des Bauchraumes ausfüllen. Von den Fettkörpern werden Phospholipide dem Blut zugeführt, die dann in die Leber gelangen und bei der Bildung des Hormones Vitellogenin Verwendung finden. Das Vitellogenin gelangt nun über den Blutstrom in das Unterhautgewebe und in ein Kapillargeflecht, welches sich subepithelial verzweigt. Von hier aus gelangt es, ebenso wie andere lipidhaltige Verbindungen, über dünne Kanälchen in und auf die Körperschuppen, wo es als Pheromon zu wirken beginnt. Ähnlich dürfte die Lockstoffproduktion bei allen *Thamnophis*-Arten erfolgen. Obwohl die molekulare Struktur des Vitellogenins bei *Thamnophis* annähernd gleich ist, reagieren die Männchen nur auf das artspezifische Pheromon. Die Ursache dürfte darin begründet sein, daß Vitellogenin in Lipovitellin und Phosvitin zerfällt. Chemisch ist das Lipovitellin bei allen Arten gleich, das Phosvitin aber weist strukturelle Unterschiede auf und ist somit artspezifisch.

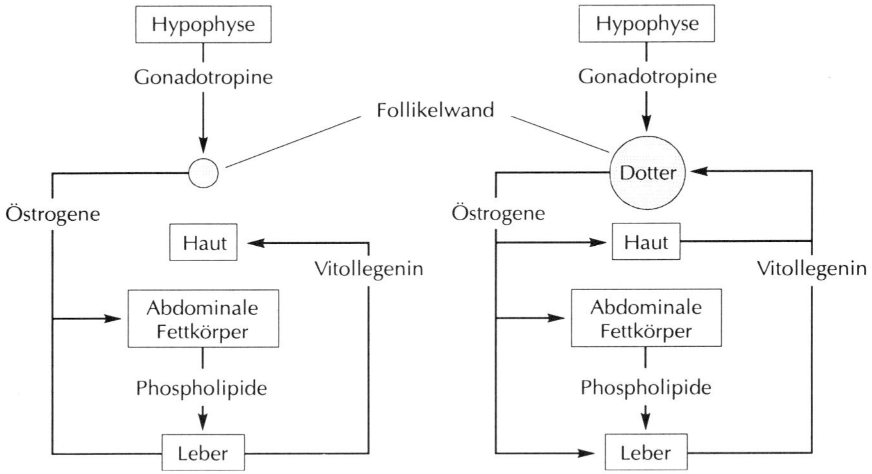

Abb. 28: Darstellung der hormonellen Regulation der Fortpflanzung bei Weibchen der Rotseitigen Strumpfbandnatter (*T. s. parietalis*). Im linken Bild werden die Verhältnisse vor der Paarung gezeigt. Durch den Einfluß gonadotroper Hormone, die von der Hypophyse freigesetzt werden, wird in den Follikeln des Eierstockes die Produktion von Östrogenen angeregt. Durch die Östrogeneinwirkung werden aus den abdominalen Fettkörpern Phospholipide freigesetzt, die in der Leber unter Östrogeneinfluß in Vitellogenin eingebunden werden. Das Vitellogenin wird gemeinsam mit weiteren Fettkörpern in die Haut eingelagert, wo es als Pheromon wirksam wird. Nach der Paarung (rechtes Bild) werden, aufgrund der Einwirkung verschiedener Reize auf das Gehirn, von der Hypophyse vermehrt Gonadotropine freigesetzt, die wiederum eine vermehrte Östrogensekretion im Ovar stimulieren. Der stärkere Östrogeneinfluß aktiviert die Phospholipidfreisetzung und die Produktion von Vitellogenin. Die Vitellogeneinfreisetzung aus der Leber und aus der Haut führt letztlich am Eierstock zur Reifung der Eier, die durch die im Eileiter befindlichen Spermien befruchtet werden. Nach CREWS & GARSTKA (1982).

Bei männlichen Strumpfbandnattern aus den nördlichen Verbreitungsgebieten setzt die Spermienproduktion in den Sommermonaten, also nach der Paarungszeit, ein. Die Hoden sind in der Zeit von Juni bis August deutlich vergrößert, die Spermien gelangen in die Vasa deferens, wo sie reifen und bis zur Paarung im nächsten Frühjahr verbleiben (ähnliche physiologische Abläufe sind bei anderen Schlangen, Schildkröten, aber auch Fischen und Fledermäusen beschrieben worden). Bei den weiblichen Schlangen beginnt das Wachstum der Follikel ebenso erst nach der Paarung. Die Kopulation induziert das Follikelwachstum und die Einlagerung von Dotter.

Die Unterschiede zwischen einzelnen *Thamnophis*-Arten bezüglich der hormonellen Regulation, des Androgengehaltes im Blut und der Spermiogenese treffen auch für das Paarungsverhalten zu. Das betrifft weniger den Ablauf als die Intensität, wobei Arten aus dem Norden wesentlich intensivere Paarungsversuche vollführen. Über entsprechende Versuche berichten GARSTKA & CREWS (1985) am Beispiel von *T. melanogaster* und *T. sirtalis*. Während *T. melanogaster* ganzjährig zur Paarung stimuliert werden konnte, zeigten sich bei *T. sirtalis* jahreszeitliche Unterschiede und eine stärker ausgeprägte Partnersuche, wobei deutlich wurde, daß diese Art bereits vor dem Winter auf die Paarung vorbereitet und sofort beim Erwachen aus der Winterruhe zur Kopulation bereit ist.

Abb. 29: Massenansammlung von *T. s. parietalis* im kanadischen Manitoba. Nach der Winterruhe verlassen die paarungsbereiten Schlangen die Karsthöhlen. Foto: BRUEMMER.

Das Paarungsverhalten sowie der Zeitpunkt der Paarung nach der Überwinterung scheint andererseits wesentlich von den örtlichen Gegebenheiten abzuhängen, weniger von genetisch determinierten Eigenschaften. FORD & COBB (1992) haben gleiche Verhaltensmuster bei *T. s. parietalis* aus dem kanadischen Manitoba und *T. marcianus* aus Arizona feststellen können. Sofort nach Verlassen der Winterquartiere setzte hier das Paarungsverhalten ein. Dagegen erfolgte die Paarung in Vergleichspopulationen von *T. marcianus* aus dem südlichen Texas erst 3 bis 4 Wochen nach der Winterruhe. Die genannten Autoren schlußfolgern daraus, daß ein hoher Selektionsdruck innerhalb einer Art das Verhalten wesentlich beeinflußt. Ausschlaggebend scheint die Individuendichte zu sein, da die Tiere nach der Hibernation rasch auseinanderstreben.

Das eigentliche Paarungsverhalten kann wie folgt beschrieben werden: Die männlichen Schlangen suchen aktiv und heftig züngelnd paarungsbereite Weibchen. Ist das Weibchen erreicht, wird versucht, auf dieses aufzukriechen, wobei das Männchen den Körperwindungen des Weibchens folgt. Ist der Kopf des männlichen Tieres an dem des Weibchens angekommen, werden ruckartige Bewegungen ausgeführt, die sich nach caudal über den gesamten Körper des Männchens fortsetzen. Bei den Aufkriechversuchen reibt das Männchen mit dem Kinnbereich an den Schuppenreihen des Weibchens entlang (»skin-rubbing«), um Pheromone aufzunehmen. Auch die Stimulierung des Weibchens wird wissenschaftlich diskutiert. Fest steht, daß *Thamnophis*-Arten das »skin-rubbing« nur im Zusammenhang mit sexuellen Aktivitäten zeigen. Das männliche Tier versucht, mit dem Schwanz das Weibchen im Kloakenbereich zu umwickeln, den Schwanz anzuheben und die

Kloake aufzufinden. Paarungsbereite Weibchen unterstützen dieses Auffinden durch Anheben des Schwanzes und ein Spreizen der Kloake. Für die Paarung ist generell folgende Reizfolge bestimmend:

(1) Wahrnehmung olfaktorischer Reize (Pheromone)
(2) Visuelle Wahrnehmung
(3) Mechanische Reize (»Skin-rubbing«).

Das Liebesspiel kann sich oft über Stunden hinziehen. ALEKSIUK beschreibt an mehreren Stellen, daß die Männchen von *T. s. parietalis* hintereinander bis zur Erschöpfung Paarungsversuche unternehmen. Die männlichen Schlangen dieser Art beenden kurz vor den Weibchen die Winterruhe und warten auf diese in der Nähe des Winterquartiers. Sofort nach Wahrnehmung der Weibchen beginnt die Verfolgung, wobei oft hunderte von männlichen Nattern ein Weibchen verfolgen. Empfängliche Weibchen verbleiben in der Nähe der Männchen, während bereits begattete Tiere rasch das Weite suchen. Bekannt ist, daß bei solchen »Schlangenhochzeiten« regelrechte »Paarungsbälle« gebildet werden, bei denen die Männchen — vollkommen in Trance verfallen — ein Weibchen umlagern und sich »rollenderweise« fortbewegen. Die Männchen sind so stark mit den Paarungsversuchen beschäftigt, daß sie jegliche andere Einflüsse ignorieren. Sie werden so leicht Opfer von Freßfeinden. Diese Knäule von paarungsbereiten Schlangen können mit der Hand aufgehoben werden, ohne daß die Tiere im geringsten in ihrem Treiben einhalten oder Fluchtversuche unternehmen.

Abb. 30: Homosexuelles Verhalten bei zwei männlichen *T. s. parietalis* im Terrarium.

In letzter Zeit wurde mehrfach ein Phänomen bei *T. s. parietalis* beschrieben, daß einzelnen Männchen eine erfolgreiche Kopulation sichert. Ausführlich gehen WHITTIER et al. (1985) sowie MASON & CREWS (1985) auf dieses, als »Weibchen-Mimikry« bezeichnete Verhalten ein. Demzufolge sind einzelne Männchen in der Lage, durch Absonderung von entsprechenden Lockstoffen und weibchenartige

Bewegungen die anderen Männchen von dem weiblichen Tier abzulenken und somit eine ungestörte Paarung zu ermöglichen. Unklar bleibt, warum nur wenige Männchen zu diesem Verhalten befähigt sind. Anscheinend haben die »Trickser« (»she-males«) einen höheren Testosterongehalt als die anderen männlichen Tiere. Der Östrogengehalt im Blutserum unterschied sich nicht und lag deutlich unter dem Niveau der weiblichen Schlangen. Die von den »she-males« produzierten Pheromone unterscheiden sich nur unwesentlich von denen paarungsbereiter Weibchen. Die Feldstudien zeigten, daß der Erfolg für die »Scheinweibchen« darin liegt, daß sie, nachdem die anderen Männchen von dem weiblichen Tier abgelenkt wurden, selbst mit der weiblichen Schlange kopulieren.

An dieser Stelle sei auf gelegentlich zu beobachtendes homosexuelles Verhalten verwiesen, das besonders bei männlichen Strumpfbandnattern auftritt. Der Verfasser konnte es wiederholt bei *T. s. sirtalis, T. s. parietalis* und bei einem Männchen von *T. marcianus* gemeinsam mit einem *T. s. parietalis*-Männchen im Terrarium feststellen. Derartige Verhaltensmuster sind auch bei anderen Nattern bekanntgeworden (Kletternattern der Gattung *Elaphe*, Königs- oder Kettennattern der Gattung *Lampropeltis, Natrix*-Arten), dürften bei anderen Schlangenarten auch vorkommen und sind von Kommentkämpfen abzugrenzen. Im Terrarium entwickeln sich solche Paarungversuche in der Regel während des »Sonnenbadens« oder beim »Wärmetanken«, wenn die Schlangen gemeinsam geeignete Stellen aufsuchen. Dabei wird meist zuerst ein Tier aktiv, indem es sich den Körperwindungen eines »Partners« anzupassen versucht und mit dem Kinn über dessen Rücken streicht. Meist verhält sich der so umworbene Partner anfänglich ruhig und versucht erst dann zu fliehen, wenn es zu Kopulationsversuchen kommt. Da niemals gleichzeitig weibliche Nattern im Terrarium waren, ist ein »Fehlgriff« ausgeschlossen. Alle männlichen Strumpfbandnattern, bei denen durch den Verfasser homosexuelles Verhalten nachgewiesen wurde, haben nachweislich mit weiblichen Tieren normale Würfe gezeugt.

Ist es einem Tier gelungen, einen ausgestülpten Hemipenis in der Kloake eines weiblichen Partners zu verankern, kann es unter Umständen zu Verletzungen kommen, da die Männchen von den Weibchen über längere Strecken mitgeschleift werden. Treffen nur wenige Partner aufeinander, kann der Ablauf der Paarung wesentlich ruhiger erfolgen. In den meisten Fällen lassen die anderen Verfolger von einem kopulierenden Paar ab. In copulationem haben die weiblichen Tiere meist den Kopf und den Vorderkörper etwas erhoben, während der Kopf des Männchens der Partnerin aufliegt. Die Weibchen atmen deutlich tiefer ein, ohne daß sich die Atemfrequenz erhöht. Wellenartige Bewegungen überfließen den männlichen Körper nach caudal, bei der Abgabe des Spermas ist beim Männchen ein Zittern zu beobachten. Danach verharren beide Partner in der Regel noch einige Minuten in dieser Stellung, bis sich das Weibchen zu entfernen sucht. Bereits wenige Augenblicke nach einer Paarung ist das männliche Tier wiederum paarungsbereit.

In der Kloake des angepaarten Weibchens wird ein gallertartiger Pfropf gebildet, der vor erneuten Kopulationen schützen soll. Der Pfropf wird vom männlichen Ejakulat gebildet. Es werden Pheromone eingelagert, die andere Männchen fernhalten sollen. Dieses Pheromon hält nicht nur die Männchen fern, sondern scheint sie auch über mehrere Stunden bis zu einem Tag impotent zu machen, was Terrarienversuche am Beispiel von *T. radix* belegten. Die Tiere unternahmen nach Kontakt mit angepaarten Weibchen auch dann keine Kopulationsversuche, wenn Weibchen ohne vorangegangene Sexualkontakte zugesetzt wurden (CREWS & GARSTKA 1982). Die zur Pfropfbildung verwendeten Substanzen werden in den Nieren der Männchen, im Bereich der sogenannten »renalen Sexualsegmente« sezerniert.

Diese genannten Mechanismen haben eine große Bedeutung für die Sicherung der Reproduktion einerseits und üben andererseits eine Schutzfunktion aus. Angepaarte Weibchen können ungestört die Plätze verlassen, wobei sich die Chance erhöht, daß sie den an den Paarungs- und Überwinterungsplätzen lauernden Prädatoren entwischen.

Fälle von Paarungszwischenfällen beschreiben PERRY-RICHARDSON et al. (1990) bei *T. marcianus*. Die Autoren stellten fest, daß sich manche Weibchen durch rotierende Körperbewegungen von den Männchen lösen und so einen Koitus interruptus vollziehen. Die Männchen verfolgen die Weibchen jedoch sofort wieder, wobei erneute Unterbrechungen nicht auftreten. Die durchschnittliche Kopulationszeit wird mit 345 (± 101,2) Sekunden angegeben.

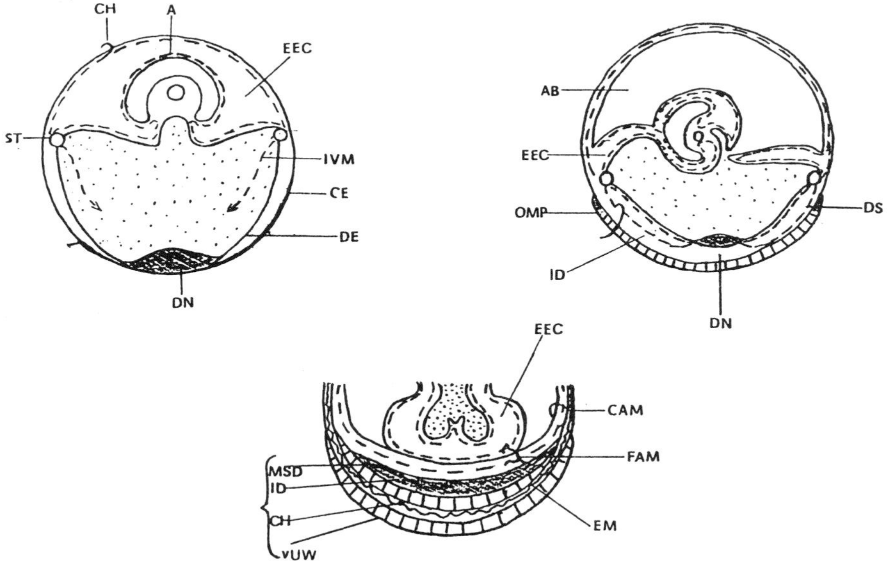

Abb. 31: Querschnitte durch Blastocyten in verschiedenen Stadien der Embryonalentwicklung (*T. sirtalis*). In diesen Entwicklungsabschnitten bilden sich primitive, plazentaartige Strukturen heraus. A Allantois; AB Allantoisblase; CAM Chorioallantoismembran; CE Chorionektoderm; CH Chorion; DE Dottersackektoderm; DN Dotternabel; DS Dottersack; EEC Extraembryonales Coelom; EM Eimembran; FAM Fusionierte Allantoismembran; ID isolierte Dotterablagerungen; IVM inneres Dottersackmesoderm; MSD Mesoderm; OMP Omphaloplazenta; VUW ventrale Uteruswand. Nach HOFFMANN, in SEIGEL et al. (1987).

Die Follikel sind beim weiblichen Tier erst nach ungefähr 6 bis 8 Wochen befruchtungsfähig. Auf das Phänomen der verzögerten Befruchtung (Amphigonia retartata) wurde bereits verwiesen. RAHN (1940) untersuchte 42 weibliche *T. s. sirtalis* in den Monaten Mai und Juni, wobei er bei 90 % aller Tiere befruchtungsfähige Spermien fand. Jedoch wurden nur 34 % der Schlangen trächtig. Bei den restlichen Tieren konnten nach 3 weiteren Monaten noch fertile Spermien festgestellt werden. Die bei der Paarung einwandernden Spermien führen dazu, daß alle vom Vorjahr im Ovidukt befindlichen Spermien eliminiert werden.

Die Dauer der Trächtigkeit beträgt im Durchschnitt 70 bis 95 Tage, ist aber im wesentlichen von den klimatischen Verhältnissen abhängig. Bekannt ist in diesem Zusammenhang, daß bei den in nördlichen Vorkommensgebieten lebenden Arten in kühlen Sommern die Geburt verzögert wird und zuweilen erst im darauffolgenden Jahr erfolgt. Andererseits können längere Wärmeperioden oder milde Herbst- und Wintermonate einen zweiten Wurf im laufenden Jahr ermöglichen, oder aber eine Geburt während des Winters oder im Frühjahr nach sich ziehen. FITCH (1970) zitiert Angaben von BARTON (1952) und TRIPLEHORN (1955), wonach *T. sirtalis* derartige Ausnahmen im Fortpflanzungszyklus zeigte, indem am 11. Januar bzw. am 31. Mai in Florida Geburten beobachtet wurden.

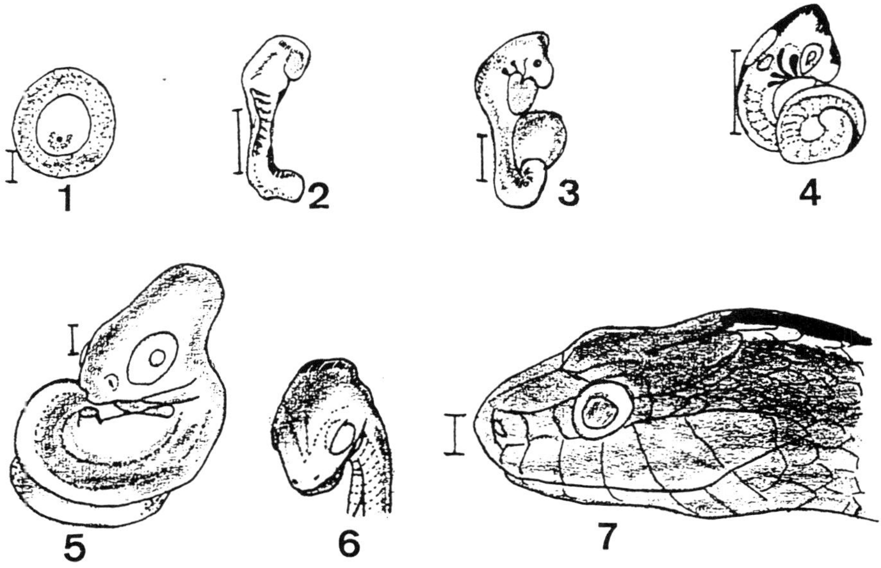

Abb. 32: Mehrere Stadien der Embryonalentwicklung von *T. sirtalis.* 1 Frühes Gastrulationsstadium; 2 Amnion geschlossen, keine Pharyngealsegmente oder Ohrgrübchen sichtbar, Allantoisblase klein; 3 Linse und Ohrgrübchen deutlich; 4 Herausbildung der Kiefer, 2 Körperwindungen liegen vor; 5 Herausbildung der Augenlider, 5 bis 6 Körperwindungen liegen vor, die im Bereich der 2. Windung liegen die Hemipenes nicht mehr frei, geburtsnaher Zeitpunkt ist erreicht. Die vertikale Markierung neben den Figuren repräsentiert 1 mm. Modifiziert nach ZEHR (1962).

Auch bei Arten aus den südlichen USA und Mexiko treten alternierende Zyklen auf. FORD & KARGES (1986) schreiben über derartige Verhältnisse bei *T. marcianus*, wobei auf ein Jahr mit einem Wurf jeweils ein Jahr mit zwei Würfen folgt und umgekehrt.

Trächtige Weibchen nehmen rasch an Körperfülle zu und stellen die Nahrungsaufnahme ein. Allerdings ist wiederholt bei jungen Weibchen beobachtet worden, daß diese bis kurz vor der Geburt fraßen. Gleiches kann in kühlen Sommerperioden auch bei älteren Weibchen geschehen.

Abb. 33: Hochtragende *T. s. parietalis* im Terrarium.

Gravide Strumpfbandnattern weisen in der Regel eine um 0,5 bis 1 °C höhere Körpertemperatur auf. Die Dotter und später die Embryonen können palpatorisch nachgewiesen werden, indem man die Schlangen zwischen Daumen und Zeigefinger hindurchgleiten läßt.

Wie bereits an vorangegangener Stelle angemerkt wurde, sind alle Thamnophiini vivipar bzw. ovovivipar. Bei Strumpfbandnattern sind die Eihüllen soweit modifiziert, daß primitive plazentaartige Strukturen vorliegen. Die Entwicklung dieser Strukturen war eine Folge der bei der Einwanderung über die Behringstraße herrschenden kalten Temperaturen und der damit verbundenen längeren Verweildauer im Mutterleib. Dadurch wird vor allem ein Gasaustausch zwischen Mutter und Embryonen erforderlich.

Mitunter wird auch für *Thamnophis* der Begriff »ovovivipar« angewandt (z. B. SCHMIDT 1986), da bei der Geburt die Jungschlangen noch von einer dünnen Eihülle umgeben sind. Die modifizierte Struktur der Eihäute und die eingegangene Verbindung mit dem Uterusepithel macht es jedoch erforderlich, diese Schlangen von anderen echt ovoviviparen Reptilien abzugrenzen. SEIGEL et al. (1987) halten es deshalb für gerechtfertigt, bei *Thamnophis* von »euviviparen« Reptilien zu sprechen. Gleiche Autoren machen darauf aufmerksam, daß die Viviparie nicht nur durch eine einfache, längere Verweildauer der Embryonen im Mutterleib, sondern durch umfangreiche Gewebsveränderungen gekennzeichnet ist. TINKLE & GIBBONS (1977) sowie BONA-GALO & LICHT (1983) beschrieben die Plazentation bei Reptilien als einen sehr frühzeitig während der Ontogenese einsetzenden Prozeß, welcher durch ein Ineinandergreifen der Gewebsstrukturen von Dottersackmembran und Eileiterepithel gekennzeichnet ist. Ursprünglich war bei Reptilien lediglich eine Vaskularisation des Dottersackes ausgeprägt, bei *Thamnophis* hingegen liegt eine Chorioallantoisplazenta vor, die durch eine Reduzierung der Epithelschichten des Chorions und des Uterus gekennzeichnet ist. Die Allantoismembran liegt eng den Gefäßschlingen der Uteruswand an. Neben einem Gasaustausch erwähnen SEIGEL et al. (1987) auch einen möglichen Nährstofftransfer. STEWART et al. (1990) haben die Nährstoffversorgung der Embryonen über die Plazenta bei *T. ordinoides* nachweisen können.

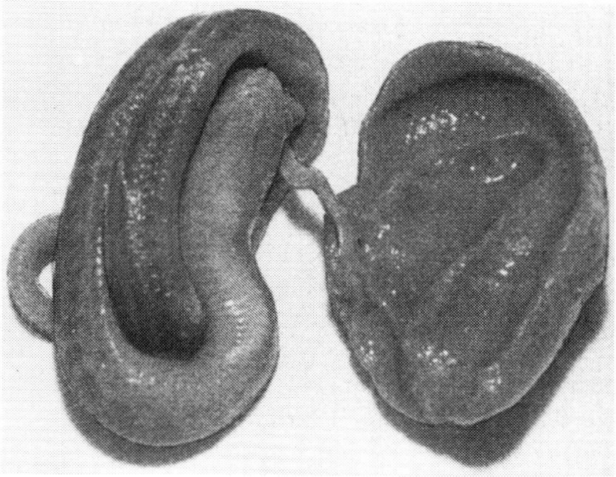

Abb. 34: Präparat eines bereits weit entwickelten Fötus aus einer *T. radix*. Deutlich sind Dotter und Nabelschnur sichtbar.

Abb. 35: Geburt einer *T. s. parietalis*. Foto: D. SCHMIDT.

Ausführliche Angaben zur Embryonalentwicklung von *T. sirtalis* macht ZEHR (1962). Die Anzahl der Embryonen bzw. Jungschlangen je Wurf variiert erheblich in Abhängigkeit von Größe und Ernährungszustand des Muttertieres. Gleichfalls korreliert die Körperlänge und Masse der Jungschlangen mit der Körpergröße der Mutter (STEWART 1968, FORD & KARGES 1986). Im Durchschnitt der Arten werden je Wurf 10 bis 20 Junge geboren, jedoch sind auch Wurfgrößen bekannt, die weit darüber lagen.

Die geographische Herkunft von Strumpfbandnattern soll ebenfalls Einfluß auf die Wurfgröße haben. Nach GREGORY & LARSEN (1993) haben Gemeine Strumpfbandnattern (*T. sirtalis*) aus den östlichen Gebieten Kanadas weniger Junge je Wurf als Tiere aus westlichen Regionen. Die Autoren vermuten genetisch determinierte Unterschiede, da auch unter Terrarienbedingungen Differenzen deutlich wurden.

Tab. 8: Schnauzen-Rumpf-Länge neugeborener Strumpfbandnattern im Vergleich zur Schnauzen-Rumpf-Länge der Muttertiere (nach STEWART 1968) (Angaben in mm).

Spezies	Mutterschlangen (Anzahl)	Neugeborene (Anzahl)
T. s. concinnus	435 – 490 (3) 500 – 570 (3) 650 – 890 (1)	160 – 179 (15) 162 – 196 (30) 190 – 220 (22)
T. ordinoides	360 – 385 (2) 440 – 475 (2) 500 – 555 (2)	118 – 139 (6) 121 – 142 13) 133 – 149 (26)

Schwankende Wurfgrößen zwischen einzelnen Jahren sind wahrscheinlich auf klimatische Einflüsse zurückzuführen, die Auswirkungen auf die Nahrungsaufnahme der tragenden Tiere haben. So geben FORD & SEIGEL (1989) eine positive Korrelation zwischen der Niederschlagsmenge und der Wurfgröße an. Ähnliche Verhältnisse sind auch bei anderen Schlangen bekannt, so etwa bei der Kornnatter (*Elaphe guttata*, SEIGEL & FORD 1991).

Tab. 9: Beziehungen zwischen der Schnauzen-Rumpflänge (S-R-L) der Mutterschlangen und der Wurfgröße (Anzahl Lebendgeborener) sowie der durchschnittlichen Gesamtkörperlänge der Neugeborenen (nach STEWART 1968).

S-R-L Muttertier	Wurfgröße	Gesamt-KL der Jungschlangen	*T. sirtalis*-Unferart	Autor
890 mm	29	260,0 mm	*concinnus*	STEWART (1968)
889 mm	20	250,0 mm	*infernalis*	CUNNINGHAM (1959)
885 mm	85	181,1 mm	*sirtalis*	MARTOF (1954)
762 mm	18	241,3 mm	*fitchi*	WRIGHT & WRIGHT (1954)
758 mm	51	187,2 mm	*sirtalis*	MATTLIN (1948)
722 mm	57	188,4 mm	*sirtalis*	WOOD (1945)

Neben lebensfähigen Neonaten, welche kurz nach der Geburt die noch anhaftenden Eihüllen verlassen, kommen vielfach tote oder unterentwickelte Feten zum Vorschein. Die Körpermasse der Mutterschlangen hat wahrscheinlich auch einen

Tab. 10: Überblick über die Wurfgrößen bzw. Embryonenzahl verschiedener *Thamnophis*-Arten (nach FITCH 1970, FITCH 1985).

Spezies (Anzahl)	Herkunft	Wurfgröße (Anz. Embryonen)	
T. butleri (32)	Michigan	11,3	(6 – 20)
T. butleri (5)	Ohio	8,2	(4 – 14)
T. brachystoma (17)	New York	7,2	(3 – 12)
T. elegans (28)	Puget Sound	9,2	(9 – 19)
T. e. biscutatus (6)	Oregon	9,2	(8 – 10)
T. e. terrestris (17)	NW Kalifornien	9,3	
T. e. vagrans (17)	Großes Becken	11,5	(4 – 20)
T. e. vagrans (56)	Humboldt-County, Kalifornien	8,3	
T. e. elegans (18)	Lassen County, Kalifornien	10,0	
T. e. errans (7)	Chihuahua, Durango (Mexiko)	7,85	(6 – 10)
T. ordinoides (53)	Puget Sound	8,6	(3 – 15)
T. ordinoides (16)	Willamette-Valley	0,5	(3 – 20)
T. ordinoides (18)	Del Norte, Kalifornien	6,4	(4 – 8)
T. proximus (?)	Illinois	9,4	(6 – 20)
T. proximus (14)	Kansas, Nebraska, Missouri	12,4	(6 – 28)
T. proximus (5)	Nuevo Leon, Mexiko	10,0	(8 – 13)
T. s. sauritus (35)	?	8,9	(3 – 20)
T. s. sackeni (8)	?	16,9	(8 – 26)
T. radix (43)	Illinois	13,3	
T. radix (47)	Missouri	9,9	
T. radix (16)	Nebraska, Kansas, Missouri	20,6	
T. radix (?)	?	29,2	(max. 92)
T. marcianus (?)	?	12,8	
T. cyrtopsis (1)	Arizona	25	
T. s. sirtalis (42)	Ithaka, N.Y.	18,2	(6 – 34)
T. s. sirtalis (14)	Olean, N.Y.	14,0	
T. s. sirtalis (14)	Ontario	25,0	
T. s. sirtalis (7)	Ontario	29,0	(12 – 49)
T. s. sirtalis (20)	Ann Arbor, Michigan	18,0	
T. s. pallidulus (104)	New Hempshire	12,9	(s = 0,60)
T. s. pallidulus (9)	New Hempshire	15,1	(9 – 27)
T. s. parietalis (14)	Manitoba	16,4	(7 – 25)
T. s. parietalis (20)	Douglas County, Kansas	20,0	(9 – 39)
T. s. parietalis (34)	Kansas	19,1	(5 – 29)
T. s. concinnus (7)	Oregon	11,3	(5 – 29)
T. s. fitchi (22)	Oregon, Kalifornien	11,32	

Einfluß auf das Geschlechterverhältnis der Jungschlangen. Nach Angaben von DUNLAP & LANG (1990) steigt mit größerer Körpermasse der Mutter der Anteil männlicher Jungtiere, während leichtere Muttertiere mehr weibliche Nachkommen gebären. Daneben wird der Umgebungstemperatur in diesem Zusammenhang ein Einfluß zugeschrieben. Der Anteil männlicher Tiere lag bei höheren Umgebungstemperaturen um rund 20 % höher als bei relativ kühlen Temperaturen während der Trächtigkeit. Dieses Phänomen ist auch bei anderen Reptilien bekannt.

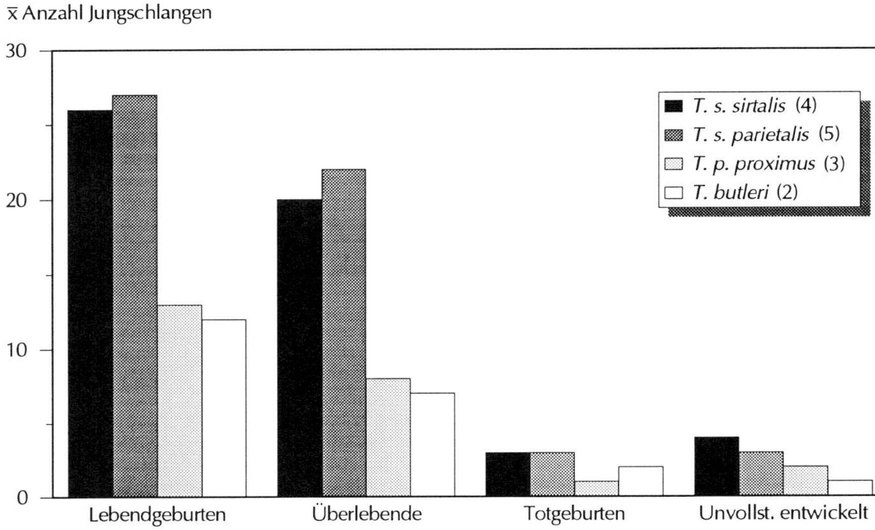

Abb. 36: Graphische Darstellung der Wurfgrößen bei *Thamnophis*-Arten im Terrarium.

Abb. 37: »Legenot« bei einer *T. s. parietalis.* Die Jungen hatten zum Teil bereits in der Leibeshöhle die Eihäute durchbrochen.

In der Regel findet die Geburt an Stellen statt, die geschützt und warm sind, wobei zuweilen mehrere Weibchen die gleichen Plätze aufsuchen, so daß »Gebärgemeinschaften« entstehen. GREGORY (1975) erwähnt, daß derartige Lokalitäten von graviden *T. s. parietalis* etwa ab Mitte Juli aufgesucht werden, wo sie gelegentlich auch mit anderen Schlangenarten (z. B. *Opheodrys vernalis*) gemeinsam beobachtet werden können.

Durch eigene Beobachtungen und Angaben von verschiedenen anderen Schlangenhaltern ist festzustellen, daß unter Terrarienbedingungen Strumpfbandnattern in der Regel am späten Nachmittag oder in den frühen Abendstunden gebären. Bei über 63 insgesamt ausgewerteten Würfen setzen die Weibchen ihre Jungen in der Zeit zwischen 16.00 und 20.30 Uhr ab. Die Wurfdauer hängt im wesentlichen von der Wurfgröße ab. Es konnten durch eigene Untersuchungen Zeitspannen zwischen 26 und 360 Minuten ermittelt werden. Eine schlechte Kondition der Weibchen oder störende äußere Einflüsse können zur Verzögerung oder Unterbrechung der Geburt führen. Eine mangelhafte Kalziumversorgung während der Trächtigkeit, falsche Haltungsbedingungen, »Sozialstreß« oder negative Temperatureinflüsse führen oft zur »Legenot«. Wird ein solches, anfänglich durch starke Unruhe, später durch Apathie gekennzeichnetes Weibchen rechtzeitig entdeckt, können Kalziuminjektionen und eine tierärztliche Versorgung sowohl das Muttertier, als auch die Jungen retten. Notfalls muß chirurgisch vorgegangen werden (Kaiserschnitt). Sich selbst überlassene Tiere gehen unweigerlich ein.

3.4 Entwicklung der Jungschlangen

Sofort nach der Geburt suchen die äußerst gewandten Jungschlangen geeignete Unterschlupfmöglichkeiten (Rindenstücke, Steine, Blätter usw.) auf. Die erste Häutung erfolgt in der Regel kurz nachdem die Jungen das Licht der Welt erblikken, meist innerhalb der ersten 1 – 3 Stunden. Ein bis zwei Tage nach der Häutung beginnen die Tiere mit der ersten Nahrungsaufnahme, können aber auch noch längere Zeit ohne Nahrung auskommen. In der Regel ernähren sich die juvenilen Strumpfbandnattern von Regenwürmern, Nacktschnecken, Insekten, aber auch Fisch- und Amphibienlaich oder deren Larven. BURGHARDT (1970) konnte nachweisen, daß neugeborene Strumpfbandnattern (*T. sirtalis*) eine Vorliebe für bestimmte Nahrungstiere besaßen. Diese Präferenz steht in Beziehung zum Beutespektrum der Eltern. Andererseits findet mit zunehmendem Alter und damit der Körpergröße eine häufig zu beobachtende Änderung der bevorzugten Nahrung statt.

Die Aufenthaltsorte der jungen Nattern unterscheiden sich oft von denen adulter Tiere, wobei erstere ein generell versteckteres Leben führen und in freier Natur nur selten zu beobachten sind. GREGORY et al. (1983) machen Angaben über getrennte Habitate von juvenilen und adulten *T. melanogaster canescens* im mexikanischen Bundesstaat Michoacan. Während die älteren Schlangen frei am Rande eines Stausees umherstreiften, konnten die jungen nur unter Steinen in gewisser Entfernung vom Ufer gefunden werden. Die Autoren weisen an gleicher Stelle auf interessante Farb- und Zeichnungsdifferenzen zwischen erwachsenen und jungen Schlangen der Art hin. Die Alttiere erschienen wesentlich dunkler und besaßen zumeist deutliche Dorsalstreifen, während die jungen heller und mit Fleckenmuster ausgestattet waren. Gleiches erwähnte bereits TANNER (1959) und beschreibt ähnliche Unterschiede (TANNER 1985) bei *T. rufipunctatus*. Bei den meisten Spezies sind die Färbung und Zeichnung der jungen Schlangen mehr oder weniger identisch mit denen der adulten Tiere. Lediglich eine Zunahme dunkler Farbpigmente erfolgt im Verlaufe des Wachstums, so daß helle Partien und Streifen deutlicher hervortreten.

MARCIAS GARCIA & DRUMMOND (1988) fanden bei *T. eques* aus Hidalgo (Mexiko) unterschiedliche Beutespektren bei juvenilen und adulten Tieren, wobei sie keine Korrelation zwischen der Größe der Beute und der Körpergröße der Schlangen feststellen konnten, so daß sie annahmen, daß der Wechsel des Nahrungsspektrums nicht allein durch das Längenwachstum reguliert wird. Junge Nattern lebten terrestrisch und erbeuteten Würmer, Egel und Schnecken, während die adulten Exemplare mehr aquatil auf Beutesuche gingen und in der Hauptsache Amphibien, Fische und Salamanderlarven fraßen.

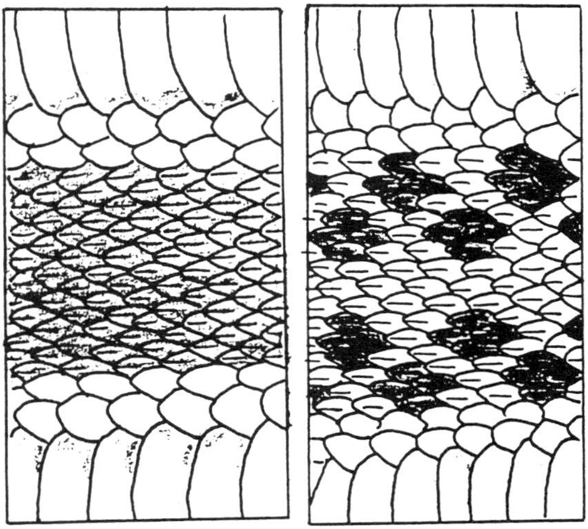

Abb. 38: Vergleich der Körperzeichnung zwischen einer adulten *T. melanogaster* chihuahuaensis (links) und einem Jungtier der gleichen Art (rechts). Nach TANNER (1959).

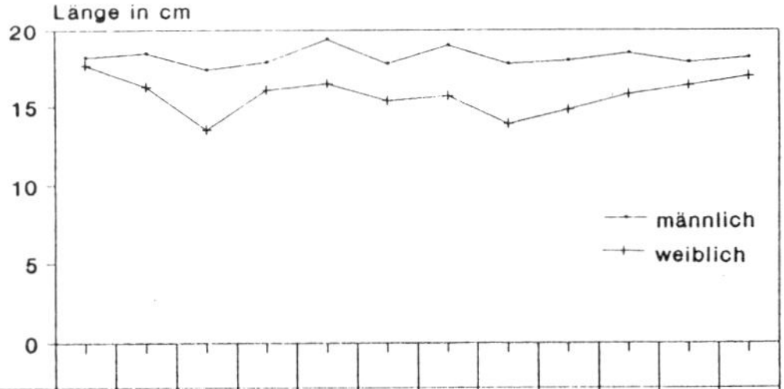

männlich	18,2	18,5	17,4	17,9	19,4	17,8	19	17,8	18	18,5	17,9	18,2
weiblich	17,7	16,3	13,5	16,1	16,5	15,4	15,7	13,9	14,8	15,8	16,4	17

Abb. 39: Diagramm zur Darstellung der unterschiedlichen Körpergröße männlicher und weiblicher Jungtiere eines Wurfes (*T. s. sirtalis*, 8 Wochen alt).

Abb. 40: 7 Tage alte *T. sirtalis parietalis*.

3.5 Nahrungsspektrum und Beuteerwerb

Bei *Thamnophis* lassen sich in Abhängigkeit von der Lebensweise mehr oder weniger spezialisierte Arten unterscheiden. Euryöke Arten können ein sehr weites Nahrungsspektrum haben (siehe Tab. 11 und 12), wobei innerhalb der einzelnen Arten spezifische Präferenzen möglich sind. Während viele Arten Amphibien, Fische oder Invertebraten als Beute bevorzugen, ziehen terrestrische Arten oft Nager, Vögel oder Reptilien vor. JAMES et al. (1983) beschreiben eine *T. elegans vagrans*-Population aus Trockendünenbiotopen in Kalifornien, die sich weitgehend auf Vogelnestlinge (*Zonotricha-*, *Ceppus-* und *Phalacrocorax*-Arten) spezialisiert haben und deshalb zu einer semiarborealen Lebensweise übergegangen sind. Eier sind dagegen stets verschmäht worden.

Tab. 11: Unterschiede im Nahrungsspektrum bei *Thamnophis* in Abhängigkeit von der Lebensweise. Nach DRUMMOND (1983).

Spezies	Lebensweise		
	terrestrisch	semiaquatil	aquatil
T. sirtalis	Regenwürmer, Säuger, Salamander	Anuren	Fische, Kaulquappen, Blutegel
T. elegans	Schnecken, Säuger, Vögel, Regenwürmer	Anuren	Fische, Kaulquappen, Blutegel
T. couchii	–	Anuren	Fische, Amphibien, Wirbellose
T. melanogaster	–	–	Fische, Amphibien, Wirbellose

Mitunter konnte man beobachten, daß im natürlichen Lebensraum vor allem von trächtigen und jungen Schlangen Aas aufgenommen wurde. In Gefangenschaft lassen sich die meisten Arten an tote Futtertiere oder vorbereitete Nahrungsstückchen gewöhnen.

Absonderliches Fressen z. B. von Früchten oder Pflanzenteilen wird mitunter diskutiert. BRYNDONCKS (1981) beschreibt die Aufnahme von Mandarinenstückchen und Weinbeeren durch von ihm gepflegte *T. radix haydenii*. Ob es sich hierbei um ein abnormales Verhalten (Allotriophagie) oder eine physiologische Toleranz gegenüber anderweitiger Nahrung handelte, bleibt unklar.

Wie alle Schlangen können Strumpfbandnattern auch längere Zeit ohne Nahrung auskommen und Fastenzeiten einlegen. Dies geschieht normalerweise im letzten Drittel der Trächtigkeit, bei unpassender oder zu warmer Witterung und während der Hibernation. Aber auch im Terrarium können solche Verhaltensweisen angenommen werden, ohne daß ein oben genannter Fakt zutrifft. So verweigerte ein männliches Exemplar von *T. marcianus* vom 13. April bis zum 27. Juni jegliche Nahrungsaufnahme, obwohl vom Verfasser verschiedene Beutetiere vorgelegt wurden und die anderen Tiere der gleichen Art ohne Probleme fraßen. Das fastende Tier war ohne Einschränkungen aktiv und verlor kaum an Gewicht. Ein anderes

Tab. 12: Zusammensetzung des Beutespektrums verschiedener Strumpfbandnattern im natürlichen Lebensraum (nach DRUMMOND 1983).

Spezies	Beutetiere / Anzahl		Autoren	Herkunft
T. s. fitchi	Anuren	56	WHITE & KOLB (1974)	Kalifornien
	Fische	36		
	Nager	5		
	Blutegel	3		
T. s. parietalis	Anuren	93	FITCH (1965)	Kansas
	Nager	4		
	Würmer	3		
	Vögel	1		
	Schlangen	1		
T. s. parietalis	Anuren	227	GREGORY & STEWART (1975)	Manitoba
	Blutegel	12		
	Insekten	5		
	Vögel	4		
	Schnecken	2		
	Würmer	2		
T. s. sirtalis	Würmer	47	HAMILTON (1951)	New York
	Insekten	4		
	Mollusken	2		
	Krebse	2		
	Schlangen	1		
T. e. terrestris	Schnecken	95	ARNOLD (1981)	Kalifornien
	Anuren	2		
	Säuger	1		
	Salamander	1		
	Eidechse	1		
	Würmer	1		
	Insekten	1		
T. e. terrestris	Fische	41	GREGORY (1978)	Vancouver
	Säuger	17		
	Würmer	5		
	Schlangen	4		
	Wirbellose	4		
	Amphibien	2		
	Vögel	2		
T. hammondii	Kaulquappen	66	FITCH (1941)	?
	Anuren	23		
	Fische	7		
	Fischlaich	7		
	Würmer	2		

aus einem Terrarium entwichenes Jungtier von *T. sirtalis parietalis* (3 Monate alt beim Entweichen) wurde nach 9 Wochen wohlauf im beheizten Terrarienzimmer gefangen und war in seiner Entwicklung in kürzester Zeit wieder auf dem Stand seiner Geschwister, wobei ein kompensatorisches Wachstum auffiel.

Abb. 41: Im Terrarium nehmen Strumpfbandnattern meist bereitwillig angebotenes Futter, auch Fischstreifen auf.

Strumpfbandnattern pflegen ihre Beute aktiv zu verfolgen und zeigen ähnliche Verhaltensstrukturen wie die übrigen Vertreter der Unterfamilie Thamnophiini. Gewisse Unterschiede ergeben sich wiederum aus der Lebensweise. DRUMMOND (1983) hat vergleichende Untersuchungen bei *T. couchii, T. sirtalis, T. melanogaster* und *T. elegans* durchgeführt und dem Beuteverhalten von *Nerodia sipedon* gegenübergestellt. Dabei wurden artspezifische Verhaltensweisen sichtbar. *T. sirtalis* und *T. elegans* zeichneten sich durch semiaquatiles Verhalten aus, durchstreiften mehr die Uferzonen und verbrachten über 50 % der Versuchsdauer außerhalb des Wassers, während *T. couchii* und *T. melanogaster* die meiste Zeit im Wasser zubrachten. Von den zuletzt genannten Arten wurden über 75 % der Beutetiere unter Wasser erbeutet. *T. couchii* zeigte ein lauerndes Verhalten. Indem die Schlangen ruhig im Wasser verharrten, erkannten sie anschwimmende Fische aus einer Entfernung von etwa 30 cm. Nachdem die Schlangen mit S-förmig gebogenen Vorderkörpern, zwischen Steinen liegend, die Fische ausgemacht hatten, begannen sie langsam die Verfolgung. Außerdem unternahmen sie langanhaltende Tauchgänge (bis zu 120 sec), wobei der Boden des Versuchsteiches nach Beute abgesucht wurde. Beutefische wurden in der Regel von lateral aus einer Distanz von 3 bis 6 cm angegriffen. Ähnlich verhielt sich *T. melanogaster*, hier war die Frequenz der Tauchgänge sogar noch höher. Damit sind die beiden Arten mit *Nerodia* vergleichbar.

T. sirtalis und *T. elegans* hingegen griffen in 86 % der Fälle die Beutefische nur an, wenn sie diese aus einer gewissen Entfernung über der Wasseroberfläche ausmachen konnten, oder fraßen nur außerhalb des Wassers. Die Zeitdauer der von beiden Arten unternommenen Tauchgänge betrug etwa 10 Sekunden. Den Bodengrund durchwühlte nur *T. elegans*, wobei unter ständigem Züngeln langsam das Substrat untersucht wurde (siehe Abb. 42)

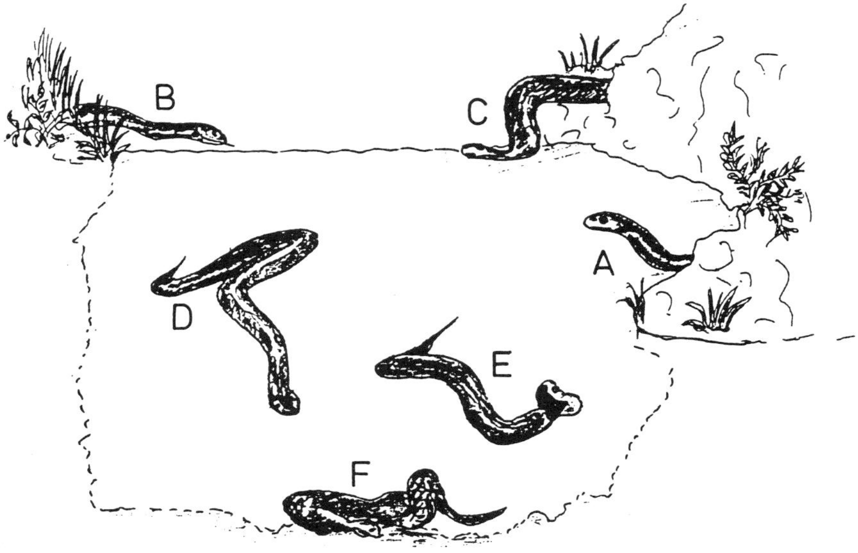

Abb. 42: Schematische Darstellung des Beuteverhaltens von wasserliebenden Nattern (nach DRUMMOND 1983). A Vorstrecken des Körpers mit erhobenem Kopf über die Wasseroberfläche; B Beobachten der Wasseroberfläche; C Ruhen des Vorderkörpers auf der Wasseroberfläche; D Tauchen und Beobachten unter Wasser; E Durchforsten des Wassers mit geöffnetem Maul; F Durchwühlen des Bodensubstrates.

MARCIAS GARCIA & DRUMMOND (1990) konnten bei Jungschlangen von *T. melanogaster* aus verschiedenen Populationen nachweisen, daß das Beuteverhalten maßgeblich vom Beutespektrum der Elterntiere beeinflußt wird. Jungschlangen, deren Eltern sich vornehmlich von Fischen ernährten (Population vom Lake Chapala, Jalisco/Mexiko), wiesen beim Fang von Guppys (*Poecilia reticulata*) im Versuch eine deutlich höhere Erfolgsrate auf, als Tiere, deren Eltern sich in der Hauptsache von Fröschen und Kröten ernährten (Population aus der Chihuahua-Wüste (Zacateca/ Mexiko). Bei ersteren war die Latenzzeit (Reaktionszeit bis zum Angriff) kürzer und die Treffsicherheit höher.

Auch beim Beuteerwerb hat die olfaktorische Wahrnehmung entscheidende Bedeutung und wird durch den Gesichtssinn unterstützt. Gesichtete Objekte werden intensiver verfolgt und mit größerer Sicherheit erfaßt. Der Geruchssinn trägt weiterhin dazu bei, daß die Art der Beute erkannt wird.

CZAPLICKI (1975) hat in mehreren Versuchen bewiesen, daß *T. sirtalis* schnell lernen, Beutetiere zu meiden, mit denen sie »schlechte Erfahrungen« gemacht haben. Dazu verwendete er mit Lithiumchlorid behandelte Würmer, die bei den Schlangen leichte Intoxikationserscheinungen hervorriefen. Daraufhin wurden die Würmer konsequent gemieden, ebenfalls Futterfische, die mit Wurmextrakt bestrichen wurden.

Da Strumpfbandnattern keine letalen Giftdosen in die Beute injizieren können, werden die mit den Zähnen gefaßten Tiere ohne vorheriges Töten verschlungen. Der Angriff auf die erkannte Beute erfolgt von der Seite, von vorn oder hinten, wobei der Körper der Natter vorher S-förmig zur Seite gekrümmt wird. Würmer und andere Wirbellose werden zumeist in der Körpermitte gepackt. Anschließend versucht die Schlange, durch kauende Kieferbewegungen ein Körperende ins Maul zu befördern. Vögel, Nager oder Amphibien werden entweder von vorn oder in den häufigsten Fällen von hinten gefaßt. In den meisten Fällen findet eine Umschlingung und Kontraktion der Beute durch die Schlange nicht statt. Allerdings ist von *T. e. vagrans* bekannt, daß sie vor allem Nager durch konstriktiv wirkende Umschlingungen fixiert.

Neuerdings gehen einige Autoren davon aus, daß eine milde toxische Wirkung der Speichelenzyme zur Immobilisation der Beute beiträgt. In diesem Sinne äußern sich beispielsweise RUSSELL & BAUER (1990, pers. Mitteilung) bezüglich *T. elegans vagrans, T. radix* und *T. s. parietalis* : »garter snakes are mildly venomous and may immobilize their prey with orals secretions. These secretions have no effect on man.«

Die Menge der aufgenommenen Nahrung variiert durchschnittlich zwischen 20 - 50 % der Eigenmasse (im Vergleich dazu können Vipern und Grubenottern bis zu 150 % der Eigenmasse an Nahrung mit einem Male aufnehmen). LIND & WELSH (1990) konnten jedoch beobachten, daß *T. couchii* Pazifik-Riesensalamander (*Dicamptodon ensatus*) von beträchtlicher Größe aufnimmt, so daß 88 % der eigenen Körpermasse gefressen wurden. Beim Erreichen der Sättigung, welche wesentlich von klimatischen und physiologischen Faktoren abhängig ist, ziehen sich die Schlangen an ruhige, möglichst schattige und warme Plätze zurück, um zu verdauen. Sie wirken dann insgesamt ruhiger, können aber bei Bedarf schnell flüchten. Untersuchungen an gesättigten *T. elegans* konnten belegen, daß sie bei Störungen im »Sprint« nicht hinter der Geschwindigkeit nüchterner Tiere zurückblieben.

3.6 Populationsstärke und -strukturen, Vergesellschaftung mit anderen Reptilien

Thamnophis-Populationen in gemäßigten Klimaten sind jahreszeitlichen Schwankungen unterworfen, wobei vielfach, insbesondere bei *T. s. parietalis*, ein Wanderverhalten und spezifisches Verbreitungsmuster zu beobachten ist. Während die Tiere in den Winterquartieren oft zu tausenden anzutreffen sind, leben sie während der Sommermonate über ein weites Territorium verstreut. Auf die Bildung von Paarungs- und Gebärgemeinschaften wurde bereits an anderer Stelle verwiesen.

LARSEN (1987) zufolge betrug die Entfernung der Winterquartiere zu den in der warmen Jahreszeit belebten Habitaten durchschnittlich 3,75 km (Manitoba, Kanada), maximal bis zu 15 km. Die Populationsstärke in den Sommermonaten ist von unterschiedlichen Faktoren abhängig, wobei das Nahrungsangebot eine wesentliche Komponente darstellt.

Im nördlichsten Verbreitungsgebiet ist *T. sirtalis* als einziger Vertreter der ansonsten reichhaltigen nordamerikanischen Reptilienfauna heimisch. Südlich des 50.

Tab. 13: Populationsdichte von *Thamnophis*-Arten (Tiere/ha).

Spezies	Anzahl	Autor
T. butleri	4 – 9	CARPENTER (1952)
T. proximus	13 – 40	FREEDMAN & CATLING (1978)
T. proximus	16 – 61	CLARK (1974)
T. radix	840	SEIBERT & HAGEN (1974), SEIBERT (1950)
T. sauritus	10 – 48	CARPENTER (1952)
T. sirtalis	16 – 34	CARPENTER (1952)
T. sirtalis	2 – 8	FITCH (1965)
T. sirtalis	19	BLANCHARD et al. (1979)
T. sirtalis	3 – 5	FREEDMAN & CATLING (1978)

Breitengrades sind die Populationen zum Teil mit weiteren Schlangen vergesellschaftet, mitunter auch mit Gattungen, die eine ähnliche Lebensweise wie Strumpfbandnattern aufweisen. PETRANKA (1984) verweist auf gemeinsame Vorkommen von *T. sirtalis* und *Nerodia fasciata* in mehreren Gebieten der USA; beide Arten jagten an denselben Plätzen Salamanderlarven. Unter diesen Umständen kann es in Ausnahmefällen zur Nahrungskonkurrenz kommen, jedoch bevorzugen Strumpfbandnattern generell mehr den Aufenthalt in Ufernähe, während *Nerodia*-Arten offene Wasserflächen nicht scheuen.

Als Beispiel für die reichhaltige Reptilienfauna in den südlichen USA sollen Angaben von TINKLE & DUNHAM (1983) dienen, die sich auf einen Biotop in Arizona, unweit von Sunflower (Maricopa Country) beziehen. Am Ufer eines permanenten Flüßchens mit breitem Ufersaum und anschließender lockerer Bewaldung fanden die Autoren neben *T. cyrtopsis* folgende Reptilienarten vor: Schlangen (Prärie-Klapperschlange (*Crotalus viridis*), Halsbandnatter (*Diadophis punctatus*), Sonora-Zornnatter (*Masticophis bilineatus*), Bullennatter (*Pituophis melanoleucus*), Westliche Pflasternasennatter (*Salvadora hexalepis*)); Echsen (Arizona-Alligatorschleiche, (*Gerrhonotus kingii*), Sonoraskink (*Eumeces obsoletus*), *Cophosaurus texanus*, Seitenfleckenleguane (*Uta stransburiana, U. ornatus*), Halsbandleguan (*Crotaphytus collaris*), Rennechsen (*Cnemidophorus flagellicaudus, Cnemidophorus clarki*), Clark's Stachelschuppenleguan (*Sceloporus clarki*), Wüstenstachelleguan (*Sceloporus magister*), Gewöhnlicher Zaunleguan (*Sceloporus undulatus*), Wüstennachtechse (*Xantusia vigilis*)).

Strumpfbandnatterarten leben sowohl sympatrisch, als auch allopatrisch. Bei sympatrischen Populationen unterscheiden sich die Arten in der Regel durch unterschiedliche Aktivitätsperioden und Lebensweisen. EBERT & LITTLE (1940) gehen auf gemeinsame Vorkommen von *T. eques* und *T. e. vagrans* an einem Stausee im US-Bundesstaat Arizona ein. *T. eques* wurde stets in Wassernähe, *T. e. vagrans* hingegen immer nur in größerer Entfernung vom Ufer nachgewiesen. Aus den Angaben von STEWART (1968) geht hervor, daß im kalifornischen Willamette-Valley *T. ordinoides* als strikt terrestrische Spezies bevorzugt dichte Gebüsche und Gehölze bewohnt, während *T. s. concinnus* ausschließlich in Wassernähe vorkam. Auf die unterschiedlichen Aktivitätsperioden beider Arten wurde bereits eingegangen (siehe Kap. 3.2).

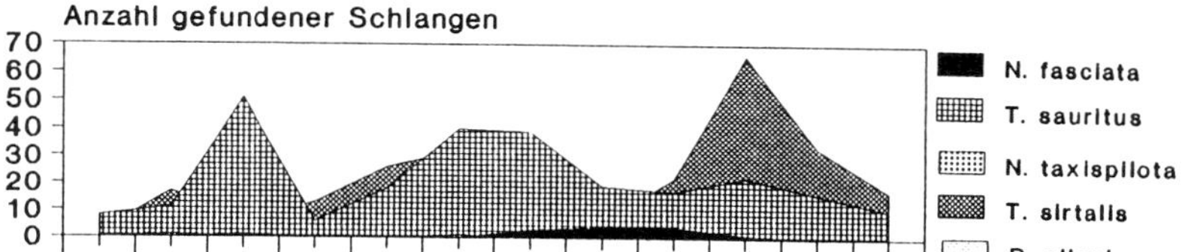

	J	F	M	A	M	J	J	A	S	O	N	D
T. sirtalis	2	17	7	13	26	32	38	6	22	66	33	17
T. sauritus	8	11	51	6	18	40	39	19	17	22	16	10
R. alleni	0	0	0	0	0	0	0	1	0	0	0	0
N. taxispilota	0	1	0	0	0	1	0	0	0	0	0	0
N. fasciata	0	0	1	0	0	0	3	4	4	1	0	0

Monat

Abb. 43: Nachweis von verschiedenen Nattern im Verlaufe eines Jahres auf dem Long Pine Key, Florida. Nach Angaben von DALRYMPLE et al. (1991).

Derartige Verhaltensstrukturen wirken einer Vermischung der Arten entgegen, so daß Kreuzungen unter natürlichen Bedingungen viel seltener sein dürften, als dies in der Vergangenheit angenommen wurde. Auch die artspezifischen Pheromone sind in diesem Zusammenhang von Bedeutung. Bereits NOBLE (1937) verweist auf die Tatsache, daß die Duftspuren der eigenen Art von den Männchen bevorzugt werden und entsprechendes Paarungsverhalten auslösen, was FORD (1981) sowie FORD & SCHOFFIELD (1984) bestätigen konnten. Letztere Autoren untersuchten die Wirkung von Pheromonen, die sie von Weibchen der Arten *T. sirtalis*, *T. radix* und *T. marcianus* gewannen, auf die Männchen der gleichen Spezies sowie untereinander. Die Männchen von *T. radix* zeigten kaum Reaktionen auf die *T. sirtalis*-Pheromone und umgekehrt, jedoch reagierten *T. radix*-Männchen auf Duftnoten von *T. marcianus*. Letztere Arten sind phylogenetisch enger verwandt. Die Männchen unterschieden selbst die Duftspur von Unterarten und bevorzugten die der eigenen Unterart, selbst dann, wenn diese künstlich auf andere Schlangen übertragen wurde.

In Gefangenschaft oder durch anthropogen verursachte Biotop- und Populationsveränderungen (Populationsverfälschung durch Aussetzen von Tieren) sind interspezifische Kreuzungen durchaus möglich. STEEHOUDER (1982) berichtet über Kreuzungen zwischen *T. butleri* und *T. sirtalis parietalis*, NORMAN (1980) zwischen *T. ordinoides* und *T. elegans vagrans*. Besonders häufig wurden früher Hybridisationserscheinungen im *T. couchii-elegans*-Komplex beschrieben. Bereits MAYR (1942) macht jedoch darauf aufmerksam, daß derartigen Hybridbeschreibungen wahrscheinlich eine unzulängliche taxonomische Einordnung der Arten und Unterarten zugrunde liegt.

Neben den beschriebenen Verhaltensweisen in sympatrischen Populationen verweisen FORD (1982) sowie CARPENTER (1952) auf aggressives Verhalten der vergesellschafteten Arten untereinander. Danach kommt *T. sirtalis* in Ohio als Freßfeind von *T. butleri* in Betracht, bei Wahrnehmung der anderen Art zeigt *T. butleri* ein ausgeprägtes Abwehrverhalten.

Tab. 14: Alterszusammensetzung von *Thamnophis*-Populationen.

Spezies	adult : juvenil	Gebiet	Autor
T. butleri	0,88 : 1	Michigan	CARPENTER (1952)
T. elegans	2,4 : 1	Kalifornien	KEPHART (1981)
T. sauritus	1,6 : 1	Michigan	CARPENTER (1952)
T. sirtalis	1,5 : 1	Michigan	CARPENTER (1952)
T. sirtalis	3,5 : 1	Kalifornien	KEPHART (1981)

3.7 Freßfeinde (Prädatoren), Abwehrverhalten und Gefahren durch menschliche Aktivitäten

Unter natürlichen Bedingungen sind Strumpfbandnattern vielfältigen Gefahren ausgesetzt. Jungschlangen werden häufig Opfer von Raubfischen, Wasserschildkröten, Kröten, Fröschen, verschiedenen Vögeln und Säugern. Mitunter werden sie sogar von Insekten angefallen. So berichten DRUMMOND & WOLFE (1981), daß eine neugeborene *T. elegans* durch die Larve eines Schwimmkäfers (Dytiscidae) erbeutet wurde.

Auch verschiedene Reptilien — mitunter selbst ältere Strumpfbandnattern — verschmähen junge Schlangen nicht, jedoch fallen auch adulte Tiere gelegentlich ophiophagen Schlangen (z. B. Königsnattern der Gattung *Lampropeltis*) zum Opfer. Hauptfeinde dürften allerdings Vögel sein. Hier kommen neben verschiedenen Greifvögeln besonders Häherartige und Rabenvögel in Betracht. Vor allem beim Verlassen der Winterquartiere und während der Paarung sind die Schlangen leicht zu erbeuten. In ihren Winterverstecken können die Tiere von Nagern angefallen werden, die zum Teil ebenfalls dort Schutz suchen. Andere karnivore oder omnivore Säuger, wie Waschbären (*Procyon lotor*), Skunks (*Mephitis mephitis*), Koyoten (*Canis latrans*) oder Füchse (*Canis lupus*), erbeuten häufig Schlangen. In der Nähe menschlicher Ansiedlungen stellen streunende Hunde und Katzen eine große Gefahr für die Nattern dar.

Kurioserweise können auch potentielle Beutetiere für die Nattern manchmal eine ernsthafte Gefahr darstellen. Besonders wehrhaft sind lungenlose Salamander (Familie Plethodontidae), die zum regelmäßigen Nahrungsspektrum von *Thamnophis* gehören. So ist vom Garten- oder Schleichensalamander (*Batrachoseps attenuatus*) bekannt, daß diese Tiere im Falle eines Angriffs wehrhaft beißen und eine große Menge eines klebrigen Hautsekrets absondern. ARNOLD (1982) berichtet, daß ein Tier, nachdem es von einer *T. couchii* am Kopf gefaßt wurde, sich sofort um den Nacken der Schlange wand, einen Knoten mit seinem Körper formte, und die Schlange im Kampf derartig stark einschleimte, daß diese vollkommen immobilisiert wurde und zusammengeklebt noch nach 4 Stunden unfähig war, sich selbst aus dieser Lage zu befreien und sicherlich eingegangen wäre, hätte der Autor nicht Mitleid gezeigt. Ähnliche Beobachtungen sind auch bei *T. elegans* gemacht worden.

In der Vergangenheit gab es Hinweise, daß das Toxin der Parotiddrüsen von verschiedenen Kröten ernsthafte Vergiftungen bei *Thamnophis* hervorrufen kann.

Dagegen erwähnen DUELLMAN & TRUEB (1986), daß *T. sirtalis* gegen starke Hauttoxine von westamerikanischen Wassermolchen der Gattung *Taricha* resistent ist. Für eine vorhandene Toxinresistenz gegen das Parotiddrüsengift von *Bufo americanus* spricht sich auch HAYES (1989) im Falle von *T. sirtalis* aus und fügt an, daß verschiedene Entwicklungsstadien von Kröten bis zu 25 % der Nahrungsmenge ausmachen können. Gleiches gilt übrigens auch für andere, auf Amphibiennahrung spezialisierte Gattungen wie z. B. *Heterodon* oder *Nerodia*.

Bei Kontakt mit potentiellen Freßfeinden zeigen die *Thamnophis*-Arten verschiedene Abwehrreaktionen. WELDON (1982) konnte in Versuchen mit *T. e. vagrans* und *T. sirtalis* feststellen, daß die Schlangen in der Lage waren, ophiophage Schlangen von »ungefährlichen« zu unterscheiden. Wurden die Tiere in Behälter gesetzt, in denen sich *Lampropeltis*-Arten befanden, zeigten sie verstärktes Züngeln und fluchtartiges »Anrennen« gegen die Behälterwände, was bei Anwesenheit anderer Arten nicht der Fall war. Die Wahrnehmung der Freßfeinde erfolgte ausschließlich über den Geruchssinn, da visuelle Kontakte ausgeschlossen werden konnten. Ein arttypisches Verhalten zeigt *T. butleri*. Bei Störungen versuchen diese Schlangen durch ein intensives Seitenwinden zu fliehen, ohne daß sie jedoch eine große Geschwindigkeit erreichen können. Wird von den Tieren abgelassen, entschwinden sie schnell mit normalen Schlängel- oder Kriechbewegungen. Ein defensives Verhalten — im Sinne von Beißversuchen — ist von *T. butleri* nicht bekannt. Terrestrisch lebende Arten fliehen oft in dichtes Gebüsch, unter schützende Gegenstände bzw. in Verstecke. Aquatilere Arten stürzen sich zumeist ins Wasser, oder lassen sich auch von überhängenden Ästen aus ins Wasser fallen.

Neben Fluchtversuchen zeigen Strumpfbandnattern bei Gefahr ein gereiztes Abplatten des Vorderkörpers, stoßen mit geöffnetem Maul auf den Feind zu und beißen auch mitunter. Im Terrarium legt sich dieses Verhalten meist sehr schnell. Die »Beißfreudigkeit« kann individuell stark variieren und ist im allgemeinen wesentlich geringer ausgeprägt, als zum Beispiel bei den nahe verwandten *Nerodia*-Arten. Eine allgemein bei allen Arten angewandte Methode ist im Falle der »Selbstverteidigung« das Entleeren von Kot und Sekreten aus den Analdrüsen, wobei ein unangenehmer, süßlicher Geruch verbreitet wird.

Trächtige Weibchen sind in ihrer Beweglichkeit eingeschränkt und führen ein versteckteres Leben, wobei sie mehr zu defensiven Reaktionen (Beißen) neigen. Auch in der Winterruhe oder bei kühlen Umgebungstemperaturen reagieren Strumpfbandnattern gereizter und beißfreudiger als bei voller Stoffwechselaktivität.

Mit den aufgezeigten Verhaltensmustern gelingt es größeren Exemplaren zuweilen ihr Leben zu retten. WILLIS et al. (1982) untersuchten Populationen von *T. s. sirtalis*, *T. s. sauritus* und *T. butleri*, wobei sie die Feststellung trafen, daß größere Schlangen bessere Verteidigungs- und Fluchtmöglichkeiten besitzen, Tiere mit Körperlängen unter 25 cm hingegen häufiger überwältigt werden.

Relativ machtlos sind die Schlangen jedoch gegenüber dem Menschen, dessen Eingreifen in die natürlichen Lebensräume zur ernsten Gefahr für die Populationen werden kann. Obwohl die meisten Arten noch nicht direkt in ihrer Existenz bedroht sind, ist ihr Lebensraum vielfach doch merklich zurückgegangen. Dabei

Abb. 44: Zuweilen können *Thamnophis*-Wildfänge recht beißfreudig reagieren.

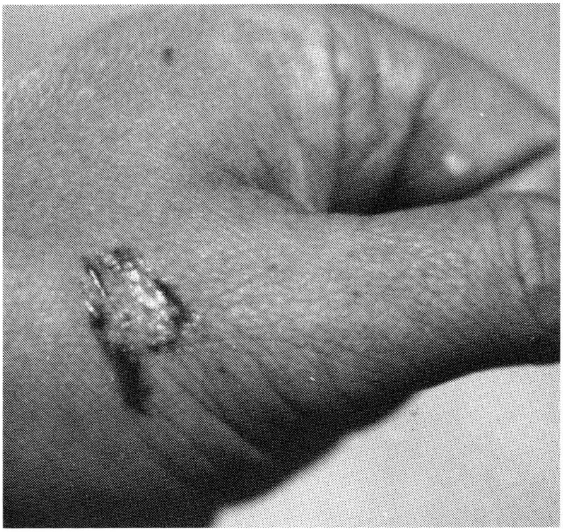

Abb. 45: Bißspur von *T. proximus.*

stellen direkte Verfolgungen der Tiere durch den Menschen nicht das Hauptproblem dar, obwohl z. B. professionelle Schlangenfänger alljährlich zu tausenden Strumpfbandnattern fangen und im Tierhandel veräußern, was zweifelsohne negative Auswirkungen auf die natürlichen Vorkommen hat.

BRUEMMER (pers. Mitt.) berichtet über die Gefährdung der Rotseitigen Strumpfbandnatter (*T. s. parietalis*) in der kanadischen Interlake-Region. Schlangenfänger graben die Tiere häufig während der Winterruhe aus, bzw. fangen sie während der Paarung. Dadurch werden die Populationen jährlich bis auf 50 % reduziert. Hinzu kommt, daß durch die Zerstörung der Schlangengruben und die Beeinflussung der Paarung viele Weibchen nicht befruchtet werden und so die Reproduktion gefährdet ist. Zusätzlich sind die Populationen durch einen immer stärker werdenden »Sensationstourismus« gefährdet. Im Frühjahr werden tausende Touristen mit Bussen zu den Schlangengruben transportiert, wo sie mitunter ohne Rücksicht auf

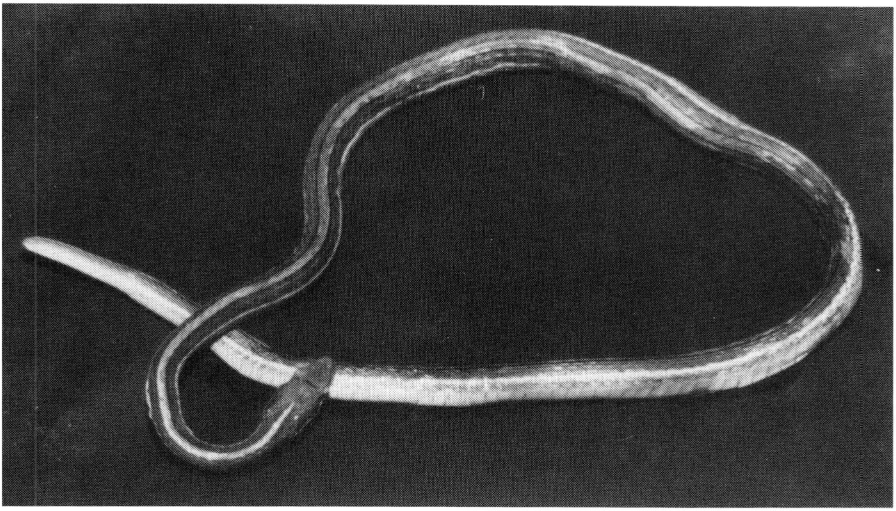

Abb. 46: Alkoholpräparat einer *T. sauritus* mit verstümmeltem Schwanz, als Folge einer Auseinandersetzung mit Freßfeinden.

die Tiere, von »wohligen Gruselschauern« erfüllt, die Gruben umlagern, auf Schlangen herumtrampeln oder sie in der Paarung stören. Besonders »aufmerksame« Besucher kommen ihrer Tierliebe nach, indem sie die Weibchen aufnehmen und in weiterer Entfernung von den Männchen aussetzen, um sie so vor »Belästigungen« zu schützen. Andere, weniger »gutmütige« Bewohner dieser Region ziehen es in ihrer Schlangenfurcht vor, die Tiere zu hunderten zu erschlagen. Durch diese Einflüsse sind die phantastischen — und auf der ganzen Welt einmaligen — Massenansammlungen von Schlangen ernsthaft gefährdet. Die kanadische Regierung sah sich aufgrund von massiven Protesten engagierter Forscher und Tierschützer gezwungen, einige der Gruben unter Schutz zu stellen. 1989 wurde der Fang dieser Schlangen für die Dauer eines Jahres untersagt. Doch das Problem ist wesentlich komplexer. Die meisten Schlangenfänger sind Angehörige der indianischen Minderheit, deren Lebensbedingungen in den Reservationen mehr als bescheiden sind. Mit Aufkaufpreisen von 50 Cent pro Tier können sich diese Menschen und ihre Angehörigen für eine gewisse Zeit den Lebensunterhalt finanzieren. Der Schlangenfang bildet häufig die einzig sichere Einnahmequelle für die gesamte Reservation.

Eine weitere, wesentliche Gefahr ist die intensive Bebauung und Bewirtschaftung von weiten Gebieten sowie der unsachgemäße oder übermäßige Einsatz von Pestiziden in der Landwirtschaft. Gleichfalls sind ganze Populationen durch den ständig dichter werdenden Straßenverkehr bedroht, zumal sich die Tiere gern auf Asphaltstraßen aufhalten, um dort Wärme zu »tanken«. Andererseits wirkt sich die Zerschneidung der Landschaft durch den intensiven Straßenbau negativ aus, da sie zur Isolation der Populationen führen. Auch lineare Strukturen anthropogenen Ursprungs, wie z. B. mehrgleisige Bahntrassen und künstliche Wasserstraßen, sind Isolationsfaktoren.

Besonders gefährdet sind Arten mit natürlicherweise begrenztem Vorkommen. So mußten in den letzten Jahren einige *Thamnophis*-Arten in das Rotbuch bedrohter Tierarten (Red-Data-Book of International Union for Conservation of Natural Resources) aufgenommen werden. Im einzelnen betrifft das folgende Arten:

- *T. sirtalis tetrataenia:* Diese sehr farbenprächtige und äußerst begrenzt im kalifornischen Küstensaum vorkommende Unterart ist besonders durch Meliorationsmaßnahmen und intensive Bebauung gefährdet. Illegaler Fang verschärft die Situation. Die Art wurde in die Kategorie II (»gefährdet«) eingestuft. Nach neuesten Untersuchungen muß *T. s. tetrataenia* jedoch *T. s. infernalis* zugeordnet werden!
- *T. gigas* und *T. hammondii*: Beide, ehemals *T. couchii* zugeordnete Arten, sind in der Hauptsache durch Baumaßnahmen und Pestizide gefährdet. Sie wurden in der Kategorie IV (»nicht unmittelbar bedroht, aber durch kleine Populationen gefährdet«) eingeordnet (*T. hammondii* i. d. letzten Aufl. nicht mehr aufgeführt).

Neben diesen internationalen Kategorien und Festlegungen kommen in einzelnen US-Bundesstaaten noch zusätzliche Maßnahmen und Schutzbestimmungen zum Tragen. So ist z. B. in New Mexico *T. rufipunctatus* unter Schutz gestellt, ebenso *T. proximus diabolicus. T. gigas* gilt in Kalifornien als geschützte Art und wird in der Kategorie II der Bundesliste des US Fish and Wildlife Service als gefährdete Art geführt.

Der weltweit zu verzeichnende Rückgang von Amphibien aufgrund direkter und indirekter Einflüsse der menschlichen Zivilisation kann unter Umständen das Verschwinden von *Thamnophis*-Populationen nach sich ziehen. So fanden JENNINGS et al. (1992) bei *T. elegans*-Populationen in der kalifornischen Sierra Nevada (über 2 440 m NN) im Gegensatz zu anderen Populationen der gleichen Art eine starke semiaquatile Lebensweise, wobei Amphibien die Hauptnahrung darstellten. In den letzten Jahren sind im untersuchten Gebiet die Bestände verschiedener Amphibien (*Bufo boreas, B. canorus, Ambystoma macrodactylum* und *Rana muscosa*) deutlich zurückgegangen oder gänzlich verschwunden. Lediglich der Pazifische Laubfrosch (*Hyla regilla*) wird noch häufig gefunden. Sollte diese Art auch dezimiert werden, postulieren die Autoren das Ende der Hochgebirgspopulationen von *T. elegans* in der kalifornischen Sierra.

Abb. 47: Verteidigungsstellung einer *T. s. parietalis*. Foto: BRUEMMER.

4 Erkrankungen und Parasitenbefall

Erkrankungen nichtinfektiöser Genese stellen unter natürlichen Gegebenheiten zumeist Verletzungen dar, die von Auseinandersetzungen mit natürlichen Feinden zeugen. Vernarbungen infolge von Schnabelhieben oder Bißwunden sind keineswegs selten, oft fehlen auch größere Stücke des Schwanzes. Relativ häufig treten verschiedene Mißbildungen auf, wobei jedoch die Lebensfähigkeit meist eingeschränkt ist oder die Tiere schnell erbeutet werden. Wirbelsäulenverkrümmungen, verkürzte Kiefer (Brachygnathie), Doppelköpfigkeit, Wasserköpfe (Hydrocephalie), unvollständig geschlossene Bauchdecken usw. sind neben Färbungsanomalien (siehe auch Kap. 2.2) die am häufigsten zu verzeichnenden Defekte. Die möglichen Ursachen für derartige Mißbildungen sind sehr verschieden. Bedeutsam aber erscheint auch in diesem Zusammenhang der Einfluß von Industrieabwässern, Pflanzenschutzmitteln und anderen toxischen Substanzen. In den siebziger Jahren wurde wiederholt von Mißbildungen infolge erhöhter Strahlenbelastung in der Nähe von Reaktoren oder militärischer Testgelände berichtet (z. B. HALFORD & MILLARD 1978).

Abb. 48: Doppelte Kopfanlage bei einer *T. radix*. Foto: BOSTWICK.

In der Gefangenschaft bilden Häutungsschwierigkeiten und Stoffwechselstörungen den Hauptanteil nichtinfektiöser Erkrankungen. Falsche Haltungsbedingungen erschweren den Häutungsprozeß zuweilen erheblich, so daß Gesundheit und Wohlbefinden der Schlangen stark beeinträchtigt werden. Längeres Baden in lauwarmem Wasser und manuelles Entfernen von Hautresten kann hier Abhilfe schaffen, primär aber muß die Haltung verbessert werden.

Bei den Stoffwechselerkrankungen überwiegen Vitamin B-Mangelerscheinungen und Mineralstoffwechselstörungen, worauf im entsprechenden Abschnitt (Fütterung im Terrarium) eingegangen werden soll.

Weitaus bedeutsamer stellen sich die Infektionskrankheiten dar. Freilebende Strumpfbandnattern beherbergen oftmals eine Fülle von Erregern, welche Ursachen für schwerwiegende Erkrankungen sein können. Viren werden bei *Thamnophis*-Arten vor allem durch Vertreter der Pocken-, Corona-, Herpes- und Paramyxoviren repräsentiert. Aus epizootiologischer und epidemiologischer Sicht ist das Vorkommen von WEE-Viren (Western Equine Encephalitis-Viren) interessant. Diese Viren, oder aber entsprechende Antikörper, wurden von BURTON et al. (1966) bei verschiedenen *Thamnophis*-Arten beschrieben. Das Virus ist über Vektoren (z. B. blutsaugende Insekten oder Zecken) auf andere Tiere oder auch den Menschen übertragbar und ruft u. a. bei Pferden Veränderungen am zentralen Nervensystem hervor, die die Leistungsfähigkeit der Tiere lebenslang beeinträchtigen. Die Letalität kann bis zu 35 % betragen. In den 50er Jahren d. Jh. zog eine Epidemie bei Menschen in den USA mehrere Todesfälle nach sich. Obwohl das Virus bei vielen Tierarten gefunden wurde, muß davon ausgegangen werden, daß in den gemäßigten Breiten des nordamerikanischen Kontinents Amphibien und Reptilien wesentlich dazu beitragen, daß das Virus über die Winterperiode virulent bleibt und mit Auftreten geeigneter Vektoren auf warmblütige Organismen übertragen werden kann. Oben angeführte Autoren fanden im kanadischen Bundesstaat Saskatchewan 1964 bei 39,3 % aller untersuchten Schlangen (*T. s. parietalis*) Antikörper bzw. Viren, bei Leopardfröschen (*Rana pipiens*) lag die Befallsextensität bei 31,3 %.

Die pathogene Bakterienflora bei *Thamnophis* setzt sich vor allem durch die Gattungen *Salmonella, Streptococcus, Aeromonas, Pseudomonas* und *Mykobakterium* zusammen. ARONSON (1929) beschrieb z. B. *Mycobacterium thamnopheos* bei *T. sirtalis*. Im Terrarium stellen bakterielle Infektionskrankheiten in der Regel eine Folge unsachgemäßer Haltung oder Folgeerscheinungen von Widrigkeiten während des Transportes der Schlangen oder Haltungsfehlern dar und äußern sich zumeist durch Erkrankungen des Respirationstraktes (»Lungenentzündung«) oder des Verdauungssystems. Auch die gefürchtete Maulfäule (Stomatitis ulzerosa) gehört als typische Faktorenerkrankung hierher. Zu feuchte oder aber zu trockene Haltung, ungünstige Temperatureinflüsse, Verschmutzungen, unregelmäßige Erneuerung des Wassers usw. sind die häufigsten Ursachen. Eine Therapie ist allenfalls dann erfolgversprechend, wenn auch die Haltung verbessert wird. Es ist hier anzufügen, daß bei Anzeichen einer bakteriellen Erkrankung (Apathie, Atemnot oder hörbare Atemgeräusche, Nasenausfluß, träge und »aufgepumpt« wirkende Tiere, Durchfall usw.) stets der Tierarzt konsultiert werden sollte. Entsprechende Abstriche oder Tupferproben geben die Gewähr, daß neben dem Erregernachweis auch ein Resistogramm wichtige Hinweise für die einzuleitende Therapie geben kann. Dies ist um so wichtiger, als in vielen Fällen bei deutlicher klinischer Symptomatik bereits ein fortgeschrittenes Stadium der Erkrankung vorliegt und somit schnell und wirksam behandelt werden muß. In diesem Zusammenhang sei erwähnt, daß vor allem Salmonellen unter Terrarienbedingungen durchaus häufig sind und auch für den Pfleger zur Gefahr werden können. Ein sorgloser und unhygienischer Umgang mit den Terrarieninsassen ist aus diesem Grunde immer zu vermeiden. Besonders Terrarien mit größerem Wasserbecken und hoher Luftfeuchtigkeit, feuchtem Bodensubstrat, Kot- oder Futterresten bieten ideale Bedingungen für diese Keime, so daß auf peinliche Sauberkeit der Behälter, warme, trockene Sonnenplätze im Terrarium, entsprechende Lüftung, regelmäßiges Reinigen und Desinfizieren (handelsübliche Präparate in der vorgeschriebenen Verdünnung) zu achten ist. Nach Arbeiten im Terrarium oder Kontakt mit den Tieren immer die Hände waschen! Nach dem Desinfizieren die Terrarien gut auslüften und gegebenenfalls nochmals mit klarem Wasser ausspülen, um Vergiftungeserscheinungen zu vermeiden!

Unsauberkeiten oder zu feuchte Haltung begünstigen zudem das Auftreten von Mykosen, vor allem im Bereich der äußeren Haut, die mitunter nicht oder nur langwierig therapeutisch zu beeinflussen sind und den Tod der Schlangen nach sich ziehen können. Erkrankte Tiere sollten sofort isoliert und in geeigneten, trokkenen und gut geheizten Terrarien untergebracht werden (immer Trinkgefäße bereitstellen). Diese Behälter sind täglich zu reinigen und zu desinfizieren. UV-Bestrahlung kann die Heilung von Hauterkrankungen fördern. Wichtig ist bei der Haltung unter »sterilen« Bedingungen, daß die Grundbedürfnisse der betroffenen Tiere beachtet werden. So ist zum Beispiel stets darauf zu achten, daß entsprechende Unterschlupfmöglichkeiten vorhanden sind. Ebenso müssen differenzierte Wärmebereiche zur Nutzung bereit stehen.

Strumpfbandnattern, insbesondere Wildfänge, beherbergen häufig eine Vielzahl von Parasiten, die das Befinden der Tiere nachhaltig beeinflussen können und nicht selten zum Tode führen. Von den einzelligen (protozoären) Erregern sind zuerst die intrazellulären Blutparasiten zu nennen. Die Infektion erfolgt entweder über die Nahrung oder über blutsaugende Insekten. LEVINE (1983) berichtet über den Befall von *T. sirtalis* und *T. radix* mit Protozoen der Gattung *Haemogregarina*, nachdem bereits ROUDABUSH & COATNEY (1937) *Haemogregarina thamnophis* in *T. elegans* und *T. radix* gefunden hatten. Die Erreger befallen vornehmlich die Erythrozyten des Wirtes und rufen haemolytische Prozesse hervor. Ebenfalls zur Familie der Haemogregarinidae zählt die Gattung *Hepatozoon*, deren Vorkommen in Erythrozyten von *T. proximus* aus Arkansas DALY (1984) beschreibt.

Einzeller als Parasiten des Darmtraktes werden vor allem durch die Amöben (Rhizopoda), in der Regel handelt es sich um die Spezies *Entamoeba invadens*, repräsentiert. Die Amöbenruhr gehört zu den gefürchtetsten Erkrankungen bei Reptilien überhaupt. Während der Erreger bei Schildkröten und Krokodilen als Kommensale scheinbar im Gleichgewicht mit dem Wirtsorganismus vorkommt und nicht zu Erkrankungen führt, muß bei Übertragung auf Echsen und Schlangen stets mit sehr schweren klinischen Bildern gerechnet werden. Ein fataler Ausgang des Infektionsgeschehens ist ohne eine rasche Therapieeinleitung zu befürchten. Anzeichen einer Amöbiasis sind das Erbrechen unverdauter Nahrung und Diarrhöe, der Kot erscheint grünlich, oft sind Beimengungen von Blut, Schleim und Gewebefetzen zu beobachten. Der Körper der Tiere ist oft partiell aufgetrieben. Neben den befallenen Darmabschnitten zeigen sich pathologische Prozesse im Bereiche der

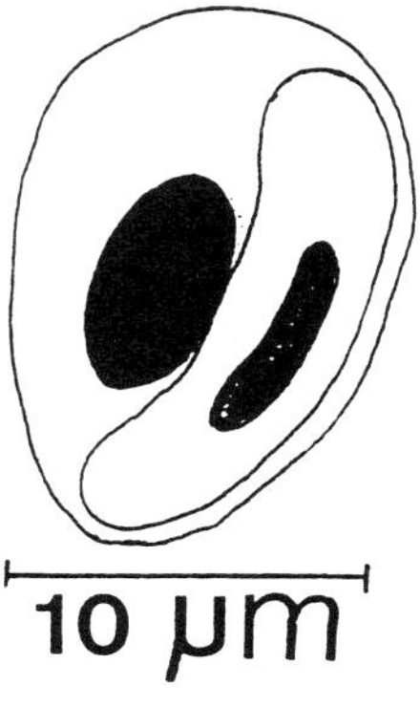

Abb. 49: Blutparasit (*Hepatozoon sp.*) in einem Erythrozyt von *T. proximus*. Nach DALY (1984).

parenchematösen Organe, vornehmlich der Leber und mitunter der Nieren. Bei derartigen Anzeichen sollte sofort ein auf dem Gebiete der Reptilienmedizin versierter Tierarzt konsultiert werden. Obwohl *E. invadens* im Gegensatz zu *E. hystolytica* aufgrund des niedrigeren Temperaturoptimums vor allem bei kaltblütigen Vertebraten auftritt, muß von einer potentiellen Gefährdung des Menschen ausgegangen werden. Beim Umgang mit erkrankten Tieren sind stets Gummihandschuhe zu tragen, alle mit ihnen in Berührung gekommenen Gegenstände sind zu desinfizieren. Neben den erwähnten protozoären Erregern können noch eine Reihe weiterer Parasiten vorkommen, deren Erwähnung jedoch den hier gebotenen Rahmen überschreiten würde. Hier sei auf spezielle Fachliteratur verwiesen (REICHENBACH-KLINKE 1977, IPPEN et al. 1985, FRYE 1991 etc.).

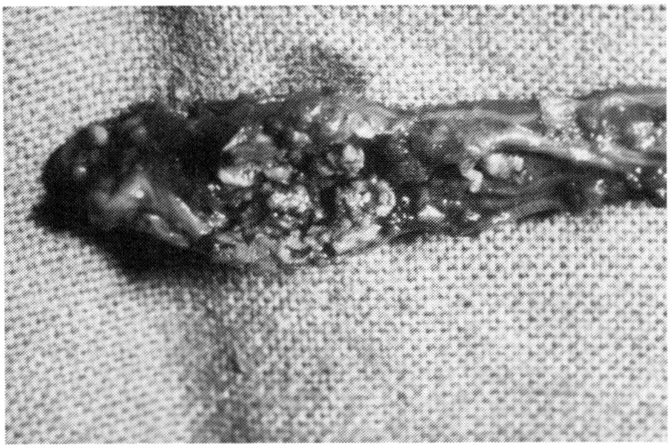

Abb. 50: Nekrotisierende Enteritis (Darmentzündung) bei einer *T. radix* infolge eines Befalls mit *Entamoeba invadens*.

Wurmbefall (Helminthose) tritt besonders bei den stärker aquatil lebenden Arten innerhalb der Gattung *Thamnophis* auf, da die von ihnen aufgenommenen Beutetiere typische Zwischen-, Warte- oder Endwirte parasitärer Würmer sind. Von STEWART (1968) wird nebenbei bemerkt, daß *T. s. concinnus* aus Oregon weitaus häufiger Endoparasiten (Helminthen) beherbergen, als dies bei den terrestrischen *T. ordinoides* registriert wurde. Die untersuchten *T. s. concinnus* enthielten zu über 80 % Entwicklungsstadien (Metazerkarien) von Saugwürmern (Trematoden), die vor allem im Fettgewebe entlang des Luftsackes und des Verdauungskanals lokalisiert waren, aber auch in den Lungenepithelien gefunden wurden. FITCH (1965) beschreibt die weite Verbreitung von Trematoden der Gattung *Styphlodora* bei *T. s. parietalis*, wobei der Sitz der Parasiten im Urogenitaltrakt liegt. Bei *T. ordinoides* konnte der Autor dagegen nur ein einziges befallenes Exemplar nachweisen.

Über hochgradige Verstopfungen infolge krankhafter Veränderungen der Darmwand durch Bandwurmbefall (*Ophiotaenia perspicua*) bei einer *T. s. sirtalis* berichtet ELKAN (1977).

WATERTOR (1967) konnte experimentell nachweisen, daß sich relativ spezialisierte Plattwürmer (Plathelminthen) auf *Thamnophis* übertragen lassen. Die Gattung *Telorchis* bevorzugt Salamanderarten (*Ambystoma*) als Wirtstiere, ist alimentär aber auch auf Strumpfbandnattern übertragbar und hier nur unwesentlich in ihrem Reproduktionsgeschehen beeinträchtigt.

Abb. 51: Saugwürmer (Trematoden) im Mesenterium einer *T. s. parietalis*.

Häufig sind bei Strumpfbandnattern Raniferen (Gattungen *Ranifer, Dasymetra, Ochetosoma, Stomatrema, Pneumatophilus* und *Lechriorchis*) zu finden. Diese Saugwürmer besiedeln in der Hauptsache die Mund- und Rachenhöhle, Oesophagus, Tracheen und Lungen. Bei Lichteinfall (Öffnen des Maules) ziehen sie sich zurück. Die Infektion erfolgt über Amphibien, bei denen sich die Metazerkarien im Unterhautfettgewebe befinden.

Rundwürmer (Nematoden) sind gleichermaßen häufig zu finden, besiedeln vor allem die Lunge und den Verdauungskanal, eingekapselte Entwicklungsstadien finden sich auch in anderen Organen des Wirtes. Einen Befall durch Eustrongyliden (Dioctophymatoidea) nach Aufnahme befallender Futterfische bei *T. s. sirtalis* geben LICHTENFELS & LAVIES (1976) an. Die Larven wurden unter der Haut, in der Lunge und entlang der Wirbelsäule gefunden. 7 von 15 befallenen Schlangen verstarben. Bekannte Parasiten von Strumpfbandnattern sind fernerhin Nematoden der Gattung *Rhabdias* und *Strongyloides* sowie *Entomelas*. Massenbefall mit Spulwürmern (über 40 Arten) kann zu starken Erkrankungen und Todesfällen bei den Schlangen führen, Ascaridosen sind auch in Gefangenschaft recht häufig.

Kratzer (Acanthocephalen) parasitieren bei Strumpfbandnattern gelegentlich. FAHNESTOCK (1985) konnte *T. sirtalis* experimentell mit *Macaracanthorhynchus ingens* infizieren.

Ektoparasitenbefall wird vor allem durch verschiedene Zecken und Milben hervorgerufen, die gleichfalls als Überträger (Vektoren) für Endoparasiten und andere infektiöse Keime (z. B. *Aeromonas hydrophila*) fungieren können. Da besonders Zecken sehr lange ohne Nahrung auskommen (bis zu mehreren Jahren) und auch warmblütige Tiere sowie den Menschen zwecks Nahrungsaufnahme befallen, sind sie bei Einschleppung in eine Terrarienanlage rigoros zu bekämpfen. Gleiches gilt für die gefürchteten Schlangenmilben, die zu einer wahren Geißel der Terrarientiere werden können und die Reptilien durch massiven Befall zu töten vermögen. *Ophionyssus natricis* gilt gemeinhin als die häufigste, bei Reptilien parasitierende

Milbenart. Zur erfolgreichen Bekämpfung eignen sich vor allem Präparate auf Phosphorsäureesterbasis (Trichlorphon, Dichlorphos usw.), die jedoch bei unsachgemäßem Gebrauch auch toxische Erscheinungen bei den Reptilien (oder beim Terrarianer!) hervorrufen können. Am gebräuchlichsten ist der Einsatz von »Fliegen-Streifen«, die den Wirkstoff langsam abgeben. Diese Plastikstreifen sollten entsprechend dem Rauminhalt des Terrariums zugeschnitten werden und können dann längere Zeit darin verbleiben, ohne daß negative Auswirkungen zu erwarten sind. Auch die ganzen Streifen können zum Einsatz kommen, sie sollten jedoch rechtzeitig wieder entfernt werden. Günstig ist es in solchen Fällen, den Streifen auf die Belüftungsflächen und nicht direkt in das Becken zu legen.

Bei allen Bekämpfungsmaßnahmen gegen Ektoparasiten sind stets die Terrarien selbst sowie die Einrichtungsgegenstände gleichzeitig in die Behandlung einzubeziehen. Gewarnt sei an dieser Stelle ausdrücklich vor einem sorglosen Umgang mit Parasitenbekämpfungsmitteln. Im Handel frei käufliche Präparate für die Anwendung bei Heimtieren enthalten oft Pyrethroide. Diese Wirkstoffe sind für Reptilien hochtoxisch!

Abb. 52: Eine von Larven des Mehlkäfers (*Tenebrio molitor*) während der Winterruhe angefallene Rotseitige Strumpfbandnatter (*T. s. parietalis*).

5 Strumpfbandnattern in menschlicher Obhut

5.1 Allgemeine Bemerkungen zur Haltung

Einige *Thamnophis*-Arten sind seit langem beliebte Terrarientiere und werden vor allem Anfängern empfohlen, die sich erste Schritte auf dem Gebiet der Reptilienhaltung und -nachzucht aneignen wollen. Aber auch »erfahrene« Terrarianer sind von den aktiven und schön gezeichneten Schlangen immer wieder fasziniert. In letzter Zeit erleben diese Schlangen in Europa geradezu eine »Renaissance« in Liebhaberkreisen, nachdem sie jahrelang wie »Stiefkinder« behandelt wurden und für eingefleischte Terrarianer nicht opportun erschienen. Darin kommt eine Problematik der Vivaristik zum Ausdruck, die ebenso wie andere Bereiche des gesellschaftlichen Lebens Modeerscheinungen unterworfen ist. In den letzten Jahren jedoch setzt sich ein zunehmendes Verantwortungsbewußtsein gegenüber den Tieren durch. Immer mehr Terrarianer befassen sich eingehend mit den gepflegten Reptilien, aber auch mit Problemen des Arten- und Biotopschutzes und anderen biologischen Fragestellungen. Nicht selten tragen sie entscheidend für den Wissenszuwachs auf dem Gebiet der Herpetologie bei, so daß die in der öffentlichen Diskussion mitunter grundsätzlich gestellte Frage, ob die Terrarienhaltung von Reptilien angesichts der überall sich verstärkenden Bedrohung der natürlichen Vorkommen überhaupt noch zu gestatten sei, eindeutig mit »Ja« zu beantworten ist. Nicht zuletzt haben Terrarianer Hinweise dafür geliefert, wie einzelne Arten am besten geschützt werden können, und nicht selten sind die erfahrensten und engagiertesten Naturschützer gleichzeitig passionierte Terrarianer. Allerdings kann nicht verschwiegen werden, daß es auch hier weniger rühmliche Ausnahmen gibt, denen das eigene Image wichtiger ist als das Leben der von ihnen gepflegten Tiere bzw. die Existenz natürlicher Populationen. Jeder verantwortungsbewußte Terrarianer sollte sich derartigen Erscheinungen entgegenstellen.

Auf der anderen Seite ist das Verlangen und das Bedürfnis vieler Menschen gewachsen, sich in ihrer Freizeit im vivaristischen Sinne zu betätigen. Dieser Trend wird wohl auch in der Zukunft noch weiter anhalten, sich sogar noch verstärken. Aus diesem Grunde ist es erforderlich, die Haltung entsprechender Tiere zu ermöglichen, ohne die schon beeinträchtigte Reptilienfauna in den Herkunftsgebieten noch zusätzlich zu schädigen. Der gezielten Nachzucht in menschlicher Obhut ist deshalb große Aufmerksamkeit zu schenken. Unter diesem Aspekt bieten sich Strumpfbandnattern geradezu an. Die meisten in Terrarien gehaltenen Arten sind nicht nur relativ problemlos zu ernähren, sie sind bei Beachtung einiger Sachverhalte ebenso leicht zu vermehren. Ihre geringe Körpergröße bedingt einen nicht allzu großen Raumbedarf, so daß ein Strumpfbandnatternterrarium in jeder Neubauwohnung Platz finden kann. Durch die tagaktive Lebensweise sind sie leicht zu beobachten, ihre Bewegungsaktivität macht die Tiere zusätzlich interessant. So nimmt es nicht wunder, daß die beliebten Tiere vielerorts im Handel sind und sowohl in Amerika als auch in Europa regelmäßig angeboten werden. Leider stammen die meisten Schlangen nicht von Nachzuchten ab, sondern sind Wildfänge. Bedenkt man nun die angebotene Menge der Tiere und die oftmals schlechten Bedingungen während des Transportes sowie im Handel, so wird deutlich, daß hier noch manches veränderungsbedürftig ist. Leider sind auch die Preise mitunter so niedrig, daß die Schlangen aus einer bloßen Laune heraus erworben werden. Der rasche Tod im Terrarium ist dann vorprogrammiert. Als Grundsatz sollte deshalb gelten, sich vor dem Kauf über die gewünschten Tiere zu informieren, um ihnen bestmögliche Bedingungen im Terrarium bieten zu können und sie zur Nachzucht zu bringen. Die meisten im Fachhandel oder aus Privathand erhältlichen *Thamnophis*-Arten könnten in einem solchen Maße in Terrarien vermehrt werden, daß man zukünftig auf Importe gänzlich verzichten könnte oder allenfalls gezielte Einfuhren zum Zwecke der Auffrischung des Zuchtmaterials oder der Einführung neuer Arten tätigen müßte.

Allerdings darf nicht verschwiegen werden, daß die Haltung wasserliebender Nattern einer größeren Sorgfalt bedarf, als es bei vielen terrestrischen Schlangen der Fall ist. Der Pflegeaufwand (Wasserwechsel, Entfernen von Futterresten und Kot) ist deutlich höher als zum Beispiel bei vielen Kletternattern (*Elaphe*-Arten). Dies sollte vor der Anschaffung der Tiere bedacht werden!

5.2 Anforderungen an das Terrarium

Ein Terrarium muß einerseits den Tieren die erforderlichen Lebensbedingungen bieten, so daß sich die Schlangen möglichst lange und ohne Komplikationen halten lassen, andererseits soll es den ästhetischen Ansprüchen des Terrarianers genügen. Am besten sind diese Anforderungen durch Behälter erfüllt, die aus Glas geklebt wurden. Natürlich können auch andere Materialien Anwendung finden, haben aber gegenüber Glas erhebliche Nachteile. Die Glasscheiben werden entweder in einen Metallrahmen eingesetzt oder mit einem Silikonkleber gegeneinander verklebt. Auf diese Weise erhält man Behälter in der gewünschten Größe und Form. Generell haben sich rechteckige Grundrisse bewährt, die Länge der Terrarien sollte größer als die Höhe sein. In jedem Falle müssen die Behälter fest und dicht abschließen, denn Strumpfbandnattern sind wahre Ausbruchskünstler, die durch kleinste Öffnungen entweichen und diese immer wieder zielsicher aufsuchen, wenn sie nicht entsprechend abgedichtet werden. Auf eine gute Belüftung ist zu achten, Zugluft muß verhindert werden. Die Möglichkeiten zur Gestaltung der Belüftungsflächen sind vielgestaltig und können entsprechend dem handwerklichen Geschick des Terrarianers und mehr oder weniger technischem Aufwand (Ventilatoren) angefertigt werden. Die einfachsten Lösungen sind oft die besten (Deckel und eine Seitenfläche mit Drahtgaze bespannen)! Der Zugang zum Terrarium muß genügend groß sein, damit die Manipulationen im Becken bequem vorgenommen werden können und die Tiere an jedem möglichen Aufenthaltsort erreichbar sind.

Beim Verfasser haben sich Terrarien mit einer Größe von 80 x 50 x 60 cm (Länge x Breite x Höhe) bewährt, die mit Schiebescheiben ausgestattet sind. Für Aufzuchtbehälter haben sich kleinere Abmessungen als günstig erwiesen, so daß eine gute Kontrolle über die Tiere möglich ist.

Die Beleuchtung erfolgt mittels Leuchtstoffröhren, als zusätzliche Wärmequellen fungieren Glühbirnen (25 bis 40 Watt) und die Vorschaltgeräte der Leuchtstoffröhren, die unter den Bodenflächen der Terrarien installiert, als zusätzliche Wärmequellen dienen. Heute werden häufig Halogen- oder HQL-Strahler eingesetzt, beide sind auch für Strumpfbandnattern gut geeignet. Eine UV-Bestrahlung erwies sich als nicht unbedingt erforderlich, schadet bei entsprechender Wellenlänge (UVA!) und kurzzeitiger Anwendung aber nicht und kann zumindest zeitweise zugeschaltet werden. Die Beleuchtungsdauer sollte jahreszeitlichen Änderungen unterworfen sein. Sie kann im Sommer bis zu 14 Stunden betragen.

Die Temperaturverhältnisse im Terrarium sind unterschiedlich zu gestalten. Lokale Wärmeplätze (Punktbestrahlung), die von den Schlangen nach Belieben aufgesucht werden können, sind für das Wohlbefinden der Tiere notwendig und dürfen nicht fehlen. Hier sollten am Tage 25 – 32 °C vorherrschen. Ein genügend großes Wasserbecken im Behälter dient als Trink- und Badegefäß. Die stärker aquatil oder semiaquatil lebenden Arten halten sich oft stundenlang im Wasser auf, andere Spezies baden nur gelegentlich. Da im Wasser auch oft Kot abgesetzt wird, muß es mehrmals wöchentlich, am besten täglich, erneuert werden, um Erkrankungen vorzubeugen. Herausnehmbare Wasserbecken erweisen sich als günstig, da sie leicht zu reinigen sind.

Ansonsten sollte das Terrarium mit trockenem Bodensubstrat ausgestattet sein, feuchte Stellen außerhalb der Wasserbehälter sind wahre Brutstätten für pathogene Keime und begünstigen die Vermehrung von Parasiten aller Art. Als Bodensubstrat bietet ein Gemisch aus Torf und Sand gute Voraussetzungen. Scharfer Kies eignet sich in keinem Falle. Bewährt hat sich auch die Haltung auf Moos. Um anhaftende Parasiten u. ä. zu beseitigen, kann es vor dem Einbringen überbrüht werden, allerdings verliert es damit an Schönheit.

Da viele Strumpfbandnatterarten gerne klettern, kann man diesem Drang durch einen Kletterast und entsprechend gestaltete Rückwände entgegenkommen, wodurch die Attraktivität des Terrariums erhöht wird. Eine Bepflanzung ist möglich, aber nicht notwendig. Vielfach wird sie ohnehin durch die Tiere stark in Mitleidenschaft gezogen, so daß allenfalls robuste Pflanzen geeignet sind. Auf Unterschlupfmöglichkeiten für die Schlangen muß geachtet werden, bereits einfache Mittel, wie etwa hohl liegende Rindenstücke o.ä., erfüllen hierbei gute Dienste und sind bei Verschmutzung leicht zu ersetzen.

Erwähnt sei an dieser Stelle, daß die Haltung in Freilandterrarien auch bei *Thamnophis*-Arten durchaus zu realisieren — und vor allem in der warmen Jahreszeit — der Gesundheit der Schlangen keineswegs abträglich, sondern eher förderlich ist. Auch hier sind geeignete Versteck- und Unterschlupfmöglichkeiten zu schaffen, die den Tieren bei zu starker Sonneneinstrahlung Schutz bieten und sie bei Regen vor stauender Nässe schützen. Zu empfehlen sind für kühlere Tage elektrisch beheizte

Wärmeplätze. Auch über ganzjährige Freilandhaltungen liegen unter mitteleuropäischen Witterungsbedingungen einige Erfahrungen vor, jedoch bedürfen die hierfür vorgesehenen Anlagen Zugang zu frostsicheren Winterquartieren. Nach Angaben von Strathemann (pers. Mitt.) bewährten sich *Thamnophis*-Arten unterschiedlich in einer, von ihm seit mehreren Jahren betriebenen Freianlage mit Überwinterungsbunker und kleiner Teichanlage. Sehr gute Haltbarkeit zeichneten Arten wie *T. butleri, T. ordinoides, T. sirtalis* und *T. marcianus* aus, die auch regelmäßig nachzogen. Wichtig bei der Konstruktion der Anlage ist eine ausreichende Drainage (besonders im Überwinterungsbunker), absolute Ausbruchssicherheit, Schutzvorrichtungen gegen Katzen, Vögel und Raubzeug sowie eine artgerechte Gestaltung des Interieurs mit Sonnen- und ausreichend Schattenplätzen.

Abb. 53: Freianlage für *Thamnophis*- und *Nerodia*-Arten. Foto: STRATHEMANN.

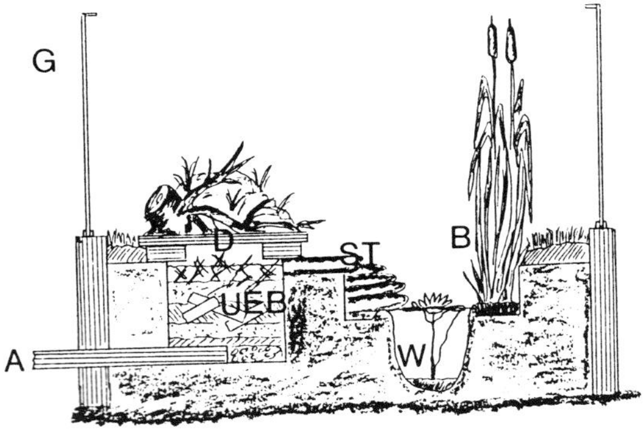

Abb. 54: Querschnitt durch die Freianlage von U. STRATHEMANN. A Drainageabfluß; B Bepflanzung; D Abdeckplatte; G Glaswand; ST Steinplatten; UEB Überwinterungsbunker; W Wasserbecken.

5.3 Tierkauf

Beim Erwerb von Strumpfbandnattern sollte auf den Gesundheitszustand geachtet werden. Die im Handel angebotenen Wildfänge sind mitunter bereits Todeskandidaten, da sie durch den Fang und die Strapazen des Transportes stark beeinträchtigt wurden und ihre Abwehrkräfte gegenüber Infektionen und Parasiten arg vermindert sind. Auffällig abgemagerte Tiere, Schlangen mit Hautveränderungen,

Abszessen, Ödemen, Verletzungen aller Art oder apathisch wirkende Nattern bereiten dem Käufer selten Freude, meist kommt jede Therapie zu spät. Jungschlangen, die von Terrarianern oft bereits im Alter von wenigen Tagen oder Wochen abgegeben werden, sind besonders auf Deformationen der Wirbelsäule, unvollständig geschlossene Bauchdecken oder »Wasserköpfe« zu untersuchen. Beim Kauf sollten stets mehrere Exemplare erworben werden, um später Zuchtgruppen zusammenstellen zu können. Werden die Tiere direkt vom »Züchter« bezogen, ist es immer von Vorteil, sich soviel Informationen wie möglich über deren Pflege einzuholen. Sollen die gekauften Tiere mit bereits vorhandenen Schlangen vergesellschaftet werden, macht sich eine vorherige Quarantäne notwendig (Neuerwerbungen für 4 bis 6 Wochen separat halten!). Bei Wildfängen oder älteren Tieren sollte in diesem Zeitraum eine Wurmkur vorgenommen werden, die im 14tägigem Abstand zu wiederholen ist. Nach einer kurzen Eingewöhnungsphase nehmen die Schlangen bereitwillig Nahrung auf. Wird die angebotene Nahrung verweigert, sind andere Futtertiere anzubieten. Zwangsfütterungen sind selten erforderlich und nur dann angezeigt, wenn Schlangen sichtlich abmagern. Es hat sich bewährt, genaue Buchführung über Häutung, Nahrungsaufnahme etc. zu führen, um Erkrankungen rasch zu erkennen.

Eine Vergesellschaftung verschiedener Arten ist prinzipiell möglich, jedoch sollten möglichst gleich große Tiere zusammen gehalten werden sowie Arten mit annähernd gleichen Anforderungen an die Ausstattung des Terrariums und die Mikroklimagestaltung. Zuchtgruppen nahe verwandter Spezies sollten keine gemeinsamen Becken bewohnen, da unliebsame Paarungen nicht auszuschließen sind.

Hochträchtige Weibchen werden separiert, um sie so wenig wie möglich zu beunruhigen. Neugeborene Nattern sind umgehend aus dem Terrarium zu nehmen, da die Mutter mitunter ihre Neugeborenen verschlingt.

5.4 Ernährung unter Terrarienbedingungen

Ein Vorzug von Strumpfbandnattern besteht darin, daß die benötigte Nahrung in der Regel leicht zu beschaffen ist. Das angebotene Nahrungsspektrum sollte möglichst breit sein, obwohl es durchaus möglich ist, die Schlangen über Jahre hinweg ausschließlich mit Fisch zu ernähren, ohne daß sie dadurch in ihrer Fortpflanzungsleistung beeinträchtigt werden. Zwischen der Ernährung der adulten und der jungen Nattern bestehen keine grundsätzlichen Unterschiede. Die Aufzucht von Jungschlangen kann durch ein regelmäßiges Angebot von Regen- oder sogenannten Tauwürmern (*Lumbricus terrestris*) und Laubregenwürmern (*Allobophora sp.*) erfolgen, welche auch adulte Schlangen gerne aufnehmen. »Mistwürmer« (*Eisenia foetida*), die stark schleimen, werden meist nicht angenommen. Ebenso gehen einige Arten (*T. sauritus, T. proximus*) kaum an Würmer, hier müssen Alternativen (Fisch) genutzt werden. Nacktschnecken eignen sich ebenfalls als Futtertiere. Einige Jungschlangen fressen mitunter auch Insekten oder deren Larven, meist jedoch entwikkeln sich die angebotenen Futtertiere zu unliebsamen Mitbewohnern des Aufzuchtbehälters, so daß auf ihre Verfütterung besser verzichtet wird.

Zu beachten ist, daß man es unbedingt vermeiden sollte, Würmer, Schnecken oder andere Futtertiere auf landwirtschaftlichen Nutzflächen zu sammeln, da diese Tiere Pestizide und Schwermetalle speichern können und somit an die Schlangen weitergeben.

Am günstigsten ist die Verfütterung von Fischen, möglichst Süßwasserfischen. Hierbei eignet sich das bekannte Spektrum einheimischer Kleinfische ebenso, wie größere Exemplare, die tiefgefroren lange Zeit als Nahrungsvorrat gehalten und in Streifen geschnitten den Schlangen angeboten werden können. Auch terrestrische Arten nehmen nach kurzer Gewöhnungszeit Fisch an. Am besten gibt man die Futterportionen in flache Schalen und stellt diese in das Terrarium. Natürlich eignen sich auch leicht nachziehbare Aquarienfische als Nahrung. In Freianlagen mit Wasserbecken oder größeren Terrarien können auch lebende Fische eingesetzt werden, die dann als Beutetiere fungieren. Bei der Verfütterung von Karpfenfischen (Cypriniden) ist darauf zu achten, daß diese Tiere eine beachtliche Menge an Thyaminase, ein Vitamin B_1-abbauendes Enzym, enthalten, so daß es zum Vitaminmangelsyndrom kommen kann. Charakteristisch hierfür sind unkoordinierte Bewegungen, Krämpfe und Opisthotonus (Verbiegen des Kopfes nach hinten). Die Applikation von Vitamin B-Präparaten heilt diese Erkrankung zumeist schnell und restlos. Prophylaktisch kann die angebotene Nahrung auch mit Vitamin B-Präparaten versehen werden. Da diese aber sehr geruchsintensiv sind, wird die damit behandelte Futterportion oft nicht aufgenommen, so daß eine orale Gabe mit Hilfe einer geeigneten Kanüle erfolgen muß. Am günstigsten ist es, den Futterfisch vor der Verfütterung einige Minuten zu erhitzen (mindestens 60 – 80 °C), wodurch das Enzym denaturiert wird.

LAUGHAM et al. (1971) verweisen auf Erscheinungen von Steatosis (Vitamin E-Mangel) bei *T. marcianus* nach ausschließlicher Verfütterung von Stint, was die Forderung nach möglichst abwechslungsreicher Nahrung unterstreicht. Fettreicher Fisch sollte in geringem Maße und möglichst frisch angeboten werden, um einer Fettoxidation vorzubeugen. Gegebenenfalls kann eine Anreicherung des Futters mit Vitamin E erfolgen.

Beim Fang von Futterfischen ist immer auf die gesetzlichen Bestimmungen (Fischerei- und Angelrecht!) zu achten und dem Naturschutz Rechnung zu tragen. Fischbrut oder Satzfische, namentlich Forellen können vielerorts käuflich erworben werden und sind ein ausgezeichnetes Futter. Obwohl Amphibien und Reptilien zum natürlichen Nahrungsspektrum der *Thamnophis*-Arten gehören, sind aus Gründen des Naturschutzes einheimische Lurche und Kriechtiere nicht als Futtertiere zu betrachten. Alle Amphibien und Reptilien sind in Deutschland nach der Bundesartenschutzverordnung streng geschützt und es ist verboten, sie der Natur zu entnehmen.

Gute Erfahrungen liegen auch beim Einsatz von Fleischstreifen vor. Am besten eignet sich Rinderherz, aber auch mageres Fleisch anderer Tiere. Babymäuse oder -ratten werden ebenfalls gefressen. Stehen nestjunge Vögel (eventuell von einem Ziervogel- oder Taubenzüchter) zur Verfügung, können auch diese eine gute Futtergrundlage bilden. Einige Terrarianer verfüttern auch Katzenfertigfutter aus der Dose.

Bei vielen Terrarianern ist es üblich, in breitem Maße Multivitaminpräparate einzusetzen. Hier muß zur Vorsicht geraten werden. Hypervitaminosen, besonders durch ein übermäßiges Angebot von Vitamin A oder D, bereiten mehr Schwierigkeiten, als daß den Tieren geholfen wird und lassen sich therapeutisch schwer beeinflussen. Der Anfänger sollte deshalb, bevor er derartige Präparate anwendet, einen Tierarzt oder zumindest einen erfahrenen Terrarianer befragen. Werden die angebotenen Futtertiere in toto, das heißt z. B. Futterfische mit Darminhalt und Gräten, verabreicht, ist eine zusätzliche Gabe von Vitaminen meist unnötig. Anders sieht es bei einer einseitigen Ernährung aus. Werden verstärkt Fleisch oder filetierte und ausgenommene Fische angeboten, ist zusätzlich der Mineralstoffhaushalt zu substituieren. Hierfür eignen sich Mineralstoffmischungen für Kleintiere, die neben Mineralstoffen und Spurenelementen auch verschiedene Vitamine enthalten. Das Gemisch wird dann über das Futter gestreut, vollständig »eingepuderte« Nahrung lehnen die Schlangen ab. Größere Gräten müssen bei Verfütterung von Fischstreifen entfernt werden, da sich sonst durch den Verdauungskanal bohren können und ernsthafte Probleme bereiten!

Abb. 55: Bei einer *T. proximus* hat sich bei der Aufnahme von Fischstreifen eine Gräte durch die Speiseröhre gebohrt, die chirurgisch entfernt werden muß.

5.5 Überwinterung

Um erfolgreiche Nachzuchten und den Schlangen einen natürlichen Lebensrhythmus zu ermöglichen, muß auch unter Terrarienbedingungen eine Winterruhe eingelegt werden. Für Arten aus dem neotropischen Raum empfiehlt sich ebenfalls eine 4wöchige Ruhepause bei Abschaltung der Beleuchtung. Nördlicher vorkommende Arten sollten längere Zeit eingewintert werden, im Durchschnitt sollte die Winterruhe ca. 2 bis 4 Monate betragen. Durch Abschalten der Wärmequellen gewöhnen sich die Schlangen langsam an niedrigere Temperaturen, nach etwa einer Woche können sie dann in die Behältnisse überführt werden, in denen sie den Winter verbringen sollen.

Günstig ist es, die Schlangen vom November bis Anfang März kühl zu halten. Dabei sollten die Temperaturen aber nicht unter 0 °C absinken. Trinkwasser muß für die Schlangen ständig zugängig sein. Am besten bringt man die Tiere in einer Kiste in einem frostsicheren Raum unter (wöchentliche Kontrolle!).

Überwinterungskisten werden mit einem Gemisch aus Lauberde, Torf und Blättern gefüllt, in das sich die Schlangen eingraben. Das Substrat wird dann gelegentlich oberflächlich befeuchtet. Vor der Einwinterung sind die Schlangen zu nüchtern, meist stellen sie die Nahrungsaufnahme im Herbst bzw. beim Absinken der Temperaturen selbst ein. In Häutung befindliche Tiere sind erst nach dem Abstreifen der alten Haut einzuwintern. Gut entwickelte und kräftige Jungschlangen vom Sommer des laufenden Jahres können ebenfalls kühl über den Winter gebracht werden, sind Junge im Herbst geboren, hält man sie besser warm und bei anhaltender Futterbereitstellung. Das gilt auch für schlecht entwickelte Tiere. Andererseits haben die Erfahrungen gezeigt, daß auch bei diesen Jungen eine kurze Winterruhe über 4 Wochen günstige Auswirkungen auf die Entwicklung der Tiere ausübt und nach dem Erwachen eine bessere Nahrungsaufnahme erfolgt.

Im Frühjahr werden die Schlangen wieder langsam an die Temperaturen im Terrarium gewöhnt. Das Trinkbedürfnis ist dann oft groß, Nahrung wird hingegen meist erst nach einiger Zeit aufgenommen, wenn die erste Häutung vollzogen ist. Eine Fütterung sollte deshalb erst dann erfolgen, wenn die Tiere ausreichend getrunken haben und dadurch die Darmtätigkeit angeregt wurde.

5.6 Fortpflanzung im Terrarium

Besonders bei nearktischen Arten ist eine längere Winterruhe (mindestens 4 Wochen bei Temperaturen unter 10 °C, besser noch unter 5 °C) Voraussetzung für das Einsetzen des Paarungsverhaltens. Bereits kurz nach der Erwärmung im Frühjahr, spätestens nach der ersten Häutung setzt die Paarung ein. Es hat sich als günstig erwiesen, weibliche und männliche Exemplare getrennt zu akklimatisieren. Beim Zusammensetzen reagieren die Tiere meist sofort, oder innerhalb weniger Stunden auf die Geschlechtspartner und unternehmen Paarungsversuche. Die Zuchtgruppen sollten nicht zu groß sein. Einzelne Paare können zur Kopulation stimuliert werden, jedoch wird das Paarungsverhalten bei Anwesenheit mehrerer Männchen deutlich aktiviert, so daß pro Weibchen als Faustregel 2 Männchen eingesetzt werden können. Zu große Gruppen oder zu viele Männchen bedeuten eine erhebliche Belastung der weiblichen Tiere, da sie im Terrarium nur beschränkte Fluchtmöglichkeiten haben.

Bei der Zusammenstellung der Zuchtgruppen sind nur einwandfreie und gesunde Tiere der gleichen Art auszuwählen. Auch sollten vor allem die weiblichen Schlangen genügend in ihrer Körpergröße entwickelt sein und die Zuchtreife aufweisen. Dies dürfte etwa im Alter von 2 Jahren der Fall sein, in Ausnahmefällen bereits auch früher. Bei mittelgroßen Arten sollten die Weibchen mindestens eine Körperlänge von 50 cm haben.

Wie schon angedeutet, werden die hochträchtigen Weibchen möglichst einzeln gehalten. Die Geburt verläuft in der Regel ohne Komplikationen, jedoch können Unruhe oder anderweitige Störungen während der Trächtigkeit zu Aborten, Verzögerungen der Geburt oder Resorption der Früchte führen. Deshalb sind Beunruhigungen der tragenden Schlangen weitestgehend zu vermeiden.

Die Jungschlangen verlassen post partum eigenständig die noch anhaftenden Eihüllen. Sollte das nicht gelingen, kann manuell oder mit einer kleinen Schere nachgeholfen werden, sonst ersticken die Tiere. Auch in normal entwickelten Würfen kommen nicht selten tote oder unterentwickelte Embryonen mit zum Vorschein. Dies braucht kein Grund zur Beunruhigung zu sein. Wenn jedoch der größte Teil des Wurfes lebensschwach oder tot geboren wird, liegen in der Mehrzahl der Fälle grobe Mängel bei der Haltung und Pflege der Muttertiere vor, bzw. besitzen diese noch nicht die für eine Nachzucht erforderliche Konstitution.

Die Einrichtung der Aufzuchtterrarien sollte übersichtlich und zweckdienlich sein, damit alle Schlangen leicht zu überblicken sind. Kleine Unterschlupfmöglichkeiten, die einen entsprechenden »Rückendruck« auf die Tiere ausüben, kommen dem natürlichen Verstecktrieb entgegen. Es ist angezeigt, ein Tagebuch über die Entwicklung der Jungschlangen zu führen, in das alle wichtigen Daten eingetragen werden. Täglich erfolgt eine Kontrolle der Aufzuchtbecken, wird das Wasser gewechselt und Nahrung angeboten. Über die Ernährung wurden bereits Ausführungen im vorstehenden Kapitel gemacht. Sollten tote Futtertiere unbeachtet bleiben, wird versucht, mit Hilfe einer Pinzette und unter leichten Bewegungen des Futters vor dem Maul der Schlangen diese zum Zubeißen zu animieren. Gleichermaßen hat sich bewährt, Wurm- oder Fischextrakt auf andere Objekte zu übertragen (z. B. kleine Fleischstücke) um somit deren »Attraktivität« zu erhöhen. Normalerweise bereitet die Aufzucht junger Strumpfbandnattern auch Anfängern wenig Schwierigkeiten. Allerdings ist der Anteil lebensschwacher Tiere, vor allem in großen Würfen, oftmals beträchtlich und kann bis zu einem Drittel aller Jungschlangen ausmachen. Diese Tiere gehen nicht an die angebotene Nahrung oder verenden plötzlich ohne vorherige Anzeichen einer Erkrankung. Kurioserweise sterben nicht selten die kräftigsten Jungen, zuweilen kurz nach einer Fütterung. Hier muß eine Mangelerkrankung (Vitamine/Mineralstoffe) oder ein Überfressen mit anschließender bakterieller Komplikation vermutet werden.

An dieser Stelle ist anzumerken, daß im Terrarium Kopulationen außerhalb der Paarungszeit, sowie 2 Würfe pro Jahr möglich sind. Herbstpaarungen sind hier häufig zu beobachten, die Jungen werden dann entweder im Winter (bei warmer Haltung) oder wenige Wochen nach der Winterruhe geboren.

Weibchen mit deutlich fühlbaren Embryonen oder Eianlagen sollten nicht zur Winterruhe gebracht werden, da die Gefahr besteht, daß bei zwischenzeitlicher geringer Erwärmung (im Terrarium durchaus häufig) die Entwicklung der Embryonen forciert wird, ohne daß das Muttertier genügend kompensatorische Stoffwechselleistungen entwickeln kann. Solch trächtige Tiere erscheinen dann im Frühjahr träge und dickleibig, gehen nicht an das angebotene Futter und zeigen Anzeichen von »Legenot«. Todesfälle sind dann zu befürchten. Besser ist es, die tragenden Muttertiere bei entsprechenden warmen Temperaturen und bei laufendem Nahrungsangebot zu halten, bis die Jungen geboren werden.

6 Bestimmung der einzelnen Arten

6.1 Hinweise zur Arbeit mit dem Bestimmungsschlüssel

Nachfolgende Angaben sollen vor allem interessierte Terrarianer in die Lage versetzen, eine rasche und möglichst genaue Bestimmung der Arten vornehmen zu können. Aus diesem Grunde sind im Schlüssel nur Angaben enthalten, die sich einfach und ohne größeren technischen Aufwand ermitteln lassen. Auf Charakteristika wie Bezahnung, Hemipenisstrukturen usw. wurde deshalb weitestgehend verzichtet. Hinweise zur Charakterisierung der Unterarten finden sich in den Beschreibungen der einzelnen Arten (siehe Kap. 7). Alle im Bestimmungsschlüssel enthaltenen Angaben sind charakteristisch für die Mehrzahl der Individuen einer Art, individuelle Abweichungen sind durchaus möglich.

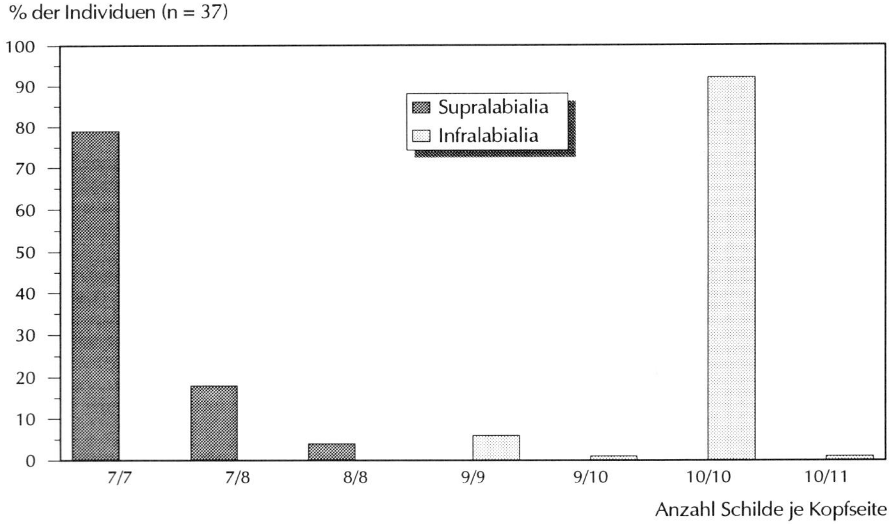

Abb. 56: Anzahl von Ober (Supra)- und Unterlippenschilden (Infralabialia) bei *T. s. sirtalis*.

Die Anzahl der im Text angeführten Dorsalschuppenreihen bezieht sich meist auf das erste Körperdrittel und die Körpermitte.

Die im unmittelbaren Nackenbereich oder im hinteren Körperabschnitt (Kloakenbereich) vorliegenden Dorsalschuppenreihen fanden hier nur in Ausnahmefällen Berücksichtigung und werden gesondert erwähnt.

Generell muß angemerkt werden, daß die Bestimmung vieler Arten ohne Kenntnis der Fundorte sehr kompliziert ist und selbst Experten schwerfällt. Bei Kenntnis der

Herkunft kann von vorn herein eine Eingrenzung auf die dort potentiell vorkommenden Arten erfolgen und somit die Bestimmung wesentlich erleichtert werden.

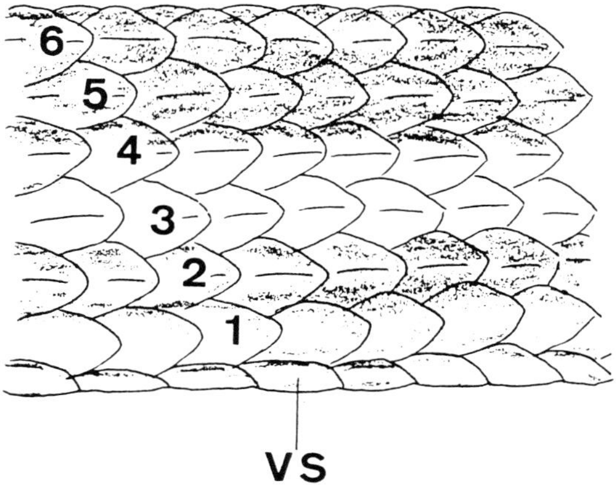

Abb. 57: Abzählen der Dorsalschuppenreihen, VS = Ventralschilde.

6.2 Bestimmungsschlüssel

(1) Schwanz länger als 27 % der Gesamtkörperlänge., Lateralstreifen auf 3. und 4. Dorsalschuppenreihe ⇨ (2).

Schwanzlänge weniger als 27 % der Gesamtkörperlänge ⇨ (3).

(2) Helle Parietalstriche fehlen häufig, wenn vorhanden, sehr schmal, düster und nicht zusammengeflossen. Braune Pigmente der ersten Dorsalschuppenreihe fließen in die Ventralschilde ein und bedecken bis zu 2 Fünftel jedes Ventralschildes ⇨ *T. sauritus.*

Parietalstriche meist vorhanden, hell und fusioniert. Ventralschilde meist nicht mit braunen Pigmenten durchsetzt, oder weniger als 2/5 jedes Ventralschildes bräunlich gefärbt ⇨ *T. proximus.*

(3) 15 bis 17 Dorsalschuppenreihen ⇨ (4).

Mehr als 17 Dorsalschuppenreihen ⇨ (8).

(4) 15 Dorsalschuppenreihen, deren Anzahl sich im hinteren Körperdrittel nicht reduziert. 6 bis 7 Oberlippenschilde, 8 Unterlippenschilde. Rücken meist mit mehr oder weniger deutlicher Fleckenzeichnung, Dorsal- und Lateralstreifen fehlen meist oder sind nur undeutlich ausgeprägt ⇨ *exsul.*

17 Dorsalschuppenreihen mit Reduzierung um 1 bis 3 Reihen im hinteren Rumpfabschnitt. Lateralstreifen vorhanden ⇨ (5).

Lateralstreifen nicht vorhanden ⇨ (7).

(5) Dorsalstreifen fehlt. Lateralstreifen auf 2. und 3. Dorsalschuppenreihe ⇨ *chrysocephalus.*

Dorsalstreifen vorhanden ⇨ (6).

(6) Lateralstreifen auf 2. und 3. Dorsalschuppenreihe, nur anfänglich auf die 4. Reihe übergreifend. Hintere Inframaxillarschilde länger als rostrales Paar ⇨ *brachystoma*.

Lateralstreifen auf 3. und 4. Dorsalschuppenreihe, hinteres Paar der Inframaxillarschilde nur unwesentlich länger als rostrales Paar ⇨ *ordinoides*.

(7) Dorsalstreifen fehlt oder nur undeutlich. Meist nur 2 Postocularschilde. Große dunkle Punkte und Flecken ziehen über den Rücken ⇨ *mendax*.

Dorsalstreifen vorhanden, 3 Postocularschilde. Nur kleine Punktzeichnung auf dem Rücken ⇨ *godmani*.

(8) Lateralstreifen auf der 3. oder 3. und 4. Dorsalschuppenreihe verlaufend ⇨ (9).

Lateralstreifen fehlt oder befindet sich auf 2. und 3. Dorsalschuppenreihe ⇨ (11).

(9) Markante helle Flecken an beiden Kopfseiten hinter dem letzten Oberlippenschild ⇨ (16).

Nicht wie oben ⇨ (10).

(10) Kopf kaum vom Rumpf abgesetzt. 7 Oberlippenschilde. Ventralschilde und 1. Dorsalschuppenreihe schokoladenbraun ⇨ *butleri*.

19 bis 21 Dorsalschuppenreihen, 7 bis 8 Oberlippenschilde mit schwarzer Barrenzeichnung ⇨ *radix*.

(11) Zunge vollständig schwarz ⇨ (12).

Zunge rot oder rot mit schwarzer Spitze ⇨ (13).

(12) Lateralstreifen fast immer vorhanden, aber häufig von Punkten unterbrochen. Dorsalstreifen im ersten Körperdrittel mehr oder weniger deutlich vorhanden ⇨ *fulvus*.

Streifenzeichnung fehlt meist vollständig. 2 markante und voneinander getrennte Nackenflecken. Heller Rücken mit kleinen Punkten durchsetzt oder sattelartige, 4 bis 5 Schuppenreihen breite Querbänder oder Flecken ⇨ *sumichrasti*.

(13) Hinteres Paar der Inframaxillaria annähernd gleiche Größe wie rostrales Paar. Internasalschilde etwa gleiche Länge wie Breite. 6. und 7. Oberlippenschild höher als breit ⇨ *elegans*.

Nicht wie oben ⇨ (14).

(14) Internasalschilde länger als breit und rostral spitz endend ⇨ (15).

Nicht wie oben ⇨ (17).

(15) 6. und 7. Oberlippenschild breiter als hoch, meist 11 Unterlippenschilde. Ventralschilde mit starker schwarzer Pigmentierung oder Fleckenzeichnung ⇨ *couchii*.

6. und 7. Oberlippenschild meist höher als breit, 10 Unterlippenschilde. Helle Ventralschilde ohne schwarze Flecken, manchmal kleine dunkle Punkte in der Mitte der Ventralschilde ⇨ *atratus*.

(16) Lateralstreifen meist auf der 3. Dorsalschuppenreihe. Helle halbmondförmige Flecke hinter dem letzten Oberlippenschild. Doppelreihe von schwarzen qua-

dratischen Flecken auf jeder Körperseite ergibt schachbrettartiges Grundmuster. Dorsalstreifen auf die vertebrale Schuppenreihe begrenzt ⇨ *marcianus*.

Lateralstreifen auf 3. und 4. Dorsalschuppenreihe. Markante, durch den Dorsalstreifen getrennte Nackenflecken. Kein Schachbrettmuster, Kielung der Dorsalschuppen oft heller als Grundfläche ⇨ *eques*.

(17) Dorsalstreifen undeutlich oder fehlend. Bis zu 21 Dorsalschuppenreihen ⇨ (18).

Fast immer markanter Dorsalstreifen oder mehr als 21 Dorsalschuppenreihen ⇨ 22.

(18) Lateralstreifen fehlt meist oder ist nur schwach ausgeprägt ⇨ 19.

Lateralstreifen deutlich ⇨ 21.

(19) 19 Dorsalschuppenreihen, 8 Oberlippenschilde. Breites ungeteiltes Nackenband. Dunkle Querbänder oder Punkte im vorderen Körperabschnitt, die sich nach caudal verlieren ⇨ *vicinus*.

Nicht wie oben ⇨ 20.

(20) Meist 2 Präocularschilde. 3 Reihen größerer brauner Flecken auf jeder Körperseite, helle Kehlregion. Ventralschilde hell ⇨ *rufipunctatus*.

4. und 5. Oberlippenschild stehen breit mit Auge im Kontakt. Deutlicher Nackenfleck. 5 bis 10 rötlicher, schwarz umrandeter Punktreihen auf dem Rücken. Ventralschilde dunkel pigmentiert, mitunter mit dunklem Längsstreifen ⇨ *nigronuchalis*.

(21) Meist 2 Präocularschilde, Bauchschilde mit schwärzlichem longitudinalen Längsstreifen oder Punktreihen. ⇨ *melanogaster*.

Meist nur 1 Praeocularschild. Oliver bis hellgelber Lateralstreifen. Hellgelbe bis orange Ventralschilde ohne schwarze Punkt- oder Streifenzeichnung. Rücken mit 4 Reihen schwarzer Punkte versehen oder uniform dunkelbraun bis schwarz ⇨ *hammondii*.

(22) Markanter, im Nacken verbreiterter Dorsalstreifen, der mitunter zickzack- oder wellenartig verläuft. 19 Dorsalschuppenreihen. Lateralstreifen, wenn vorhanden, auf 2. und 3. Dorsalschuppenreihe, oft wellenförmig. Markante Fleckenzeichnung im Nacken, gewöhnlich nicht vom Dorsalstreifen unterbrochen. 2 Reihen deutlicher, dunkler Punkte zwischen Dorsal- und Lateralstreifen. Meist mehr als 160 Ventralschilde ⇨ *cyrtopsis*.

Nicht wie oben ⇨ (23).

(23) 21 bis 23 Dorsalschuppenreihen. Unregelmäßig gezackt begrenzter Dorsalstreifen und Lateralstreifen sind oft nur schwach erkennbar. 8 bis 9 Oberlippenschilde. Parietalstriche sehr fein oder fehlend. Ober- und Unterlippenschilde ohne dunkle Umrandung. Unregelmäßig gefleckter Rücken ⇨ *gigas*.

Nicht wie oben ⇨ (24).

(24) 19 bis 21 Dorsalschuppenreihen. Groß erscheinende Augen. Meist mehr als 145 Bauchschilde. Breiter Dorsalstreifen, der jedoch auch fehlen kann ⇨ *sirtalis*.

Kleine, gedrungen wirkende Gestalt. 19 Dorsalschuppenreihen, bis zu 145 Ventralschilde. Sehr kleines Lorealschild. Dorsalstreifen strikt auf die vertebrale Schuppenreihe begrenzt. 2 deutliche Nackenflecken. Helle Streifen zwischen Augen, Nacken und Oberlippenschilden. Große dunkle Flecken auf den Körperseiten ⇨ (25).

(25) 15 Dorsalschuppenreihen in der Kloakenregion. Einzelreihe sattelartiger Flecken oder transverser Barren mit dunkler Umrandung auf jeder Körperseite ⇨ *scalaris*.

17 Dorsalschuppenreihen in der Kloakenregion. Einzel- oder Doppelreihe quadratischer Flecken ⇨ *scaliger*.

7 Kurzcharakteristik der einzelnen Arten

7.1 *Thamnophis atratus* KENNICOTT, 1860

Englisch: Santa Cruz Garter Snake; Middle California Garter Snake; Western Coast Garter Snake; Pacific Coast Garter Snake; Black Garter Snake; Single-striped Garter Snake; Western Garter Snake, Western aquatic Garter Snake; Aquatic Garter Snake; Northern California Coast Garter Snake; Oregon Garter Snake; Oregon Gray Garter Snake.

Deutsch: Einstreifige Strumpfbandnatter; Westliche Strumpfbandnatter; Oregon-Strumpfbandnatter.

Größe: 45 bis 60 cm.

Merkmale: Eine kleinere, relativ plump erscheinende Art. 17 – 21 Dorsalschuppenreihen in der Körpermitte; 8 Oberlippen- und 10 Unterlippenschilde. Internasalia gewöhnlich länger als breit und am rostralen Ende spitz auslaufend. Nur sehr schmaler Kontakt zwischen Internasalia und Rostralschilden. Rostralschilde schmal. 6. und 7. Oberlippenschild etwas höher als breit erscheinend oder gleiche Höhe wie Breite. 156 – 168 Ventralschilde, 79 bis 93 Subcaudalschilde bei männlichen und bis zu 81 bei weiblichen Tieren. Parietalstriche sehr fein, mitunter fehlend und nicht auf die angrenzenden Frontalia übergreifend. Breiter oranger oder gelb-

Abb. 58: *T. a. atratus* aus dem Staatlichen Museum für Tierkunde Dresden.

licher Dorsalstreifen, zuweilen 3 Dorsalschuppenreihen bedeckend oder aber auch auf die vertebrale Dorsalschuppenreihe begrenzt. Lateralstreifen auf 2. und 3. Dorsalschuppenreihe hellgelb, bei einigen Tieren fehlend oder sich nur schwach abzeichnend. Kopfoberseite oliv bis blauschwarz. Kinn und Kehle zitronengelb, Oberlippenschilde generell hellgelb, bei einer Unterart (*T. a. hydrophilus*) mit schmalen schwärzlichen Randmarkierungen. Sehr dunkle Iris. Grundfärbung des Rückens hellgrau bis schwärzlich mit tiefschwarzen Flecken oder Punkten (niemals rote Pigmente!). Ventralia tiefblau bis hellblau oder grünlich bis gelb oder verwaschen weiß, jedes Ventralschild entweder irregulär mit orangen Flecken gezeichnet oder aber ohne Zeichnung. Die Art zeigt keine deutlichen schwarzen Flecken auf den Ventralia, gegebenenfalls finden sich einige schwarze Pünktchen entlang der Bauchmitte.

Verbreitung: Küstenstreifen Kaliforniens und Oregons.

Lebensweise: Stark aquatile Art, die kleine, schlammige und langsam fließende Gewässer, Tümpel, kleine Seen oder aber auch schneller fließende Flüsse bevorzugt. Kommt sowohl in Biotopen mit dichtem Bewuchs, als auch im ariden oder semiariden Gelände vor.

Die Nahrung besteht meistenteils aus kleinen Fröschen, Kaulquappen, Salamandern oder Invertebraten. Auch Fische und Fischlaich werden gerne gefressen.

Unterarten:

T. a. atratus KENNICOTT, 1860 (siehe auch Tafel 1, 3. Reihe links)

Englisch: Santa Cruz-Garter Snake; Single-striped Garter Snake.

Deutsch: Einstreifige Strumpfbandnatter.

Verbreitung: Kalifornischer Küstensaum von Sacramento bis Santa Maria.

Merkmale: Etwas gedrungenere Gestalt als die Unterart *T. a. hydrophilus*. Dorsalstreifen relativ hell und deutlich. Oberlippenschilde weisen keine schwarze Umrandung auf. Die Ventralia sind mit deutlichen rötlichen oder orangen Flecken versehen und bläulich bis hellgrün in der Grundfärbung.

Abb. 59: Fundort von *T. a. atratus* in Kalifornien.

Lebensweise: Mehr an ruhigfließende und stehende Gewässer gebunden.

T. a. aquaticus FOX, 1951 (siehe auch Tafel 2, 2. Reihe rechts)

Englisch: Aquatic Garter Snake; Northern California Garter Snake.

Verbreitung: Kalifornien (vom Golden Gate bis zum Gualala-River bei Mendecino; Triniti-County; entlang der nördlichen Schleife der San Francisco-Bay bis zum Lake und Calusa County im Norden).

Merkmale: Breiter gelber bis oranger Dorsalstreifen, der im Nacken 4 bis 5 Schuppenreihen bedecken kann und in der Körpermitte 3 Reihen einnimmt. Lateralstreifen meist deutlich ausgeprägt, oliv- bis schwefelgelb, zuweilen mit orangen Punkten durchsetzt. Die Grundfärbung des Rückens ist dunkeloliv bis schwarz. Kehle hellgelb bis zitronengelb. Die Oberlippenschilde sind oliv, die Infralabialia cremefarben. Die Kopfoberseite ist dunkeloliv ohne schwarze Pigmente in der Parietalregion. Die Ventralschilde sind oft mit hellroten oder orangen Punkten oder Tupfen versehen.

T. a. hydrophilus FITCH, 1936

Englisch: Oregon Garter Snake; Oregon Grey-Garter Snake.

Deutsch: Oregon-Strumpfbandnatter.

Verbreitung: Küstengebiet vom Umpqua-River in Oregon bis zum Gualala-River in Kalifornien.

Merkmale: Etwas schlanker als *T. a. atratus*. Dorsalstreifen düster erscheinend. Lateralstreifen undeutlich oder fehlend, auf 2. und 3. Dorsalschuppenreihe. Grundfärbung des Rückens hellgrau, darauf eine Vielzahl kleinerer schwarzer Punkte oder Flecke. Ventralschilde sehr hell (gelb bis weißlich), ohne Fleckenzeichnung oder Umrandung. Im letzten Körperdrittel nehmen die Bauchschilde eine orange bis fleischrote Färbung an, die sich bis zur Schwanzspitze hinzieht.

Abb. 60 (links): *T. atratus aquaticus.*

Abb. 61 (unten): Schematische Darstellung der Körperzeichnung von mehreren Vertretern der »Western aquatic garter snakes«. 1 *T. couchii*; 2 *T. atratus aquaticus*; 3 *T. atratus hydrophilus*; 4 *T. a. atratus*; 5 *T. gigas*; 6 *T. hammondii*. Modifiziert nach STEBBINS (1985).

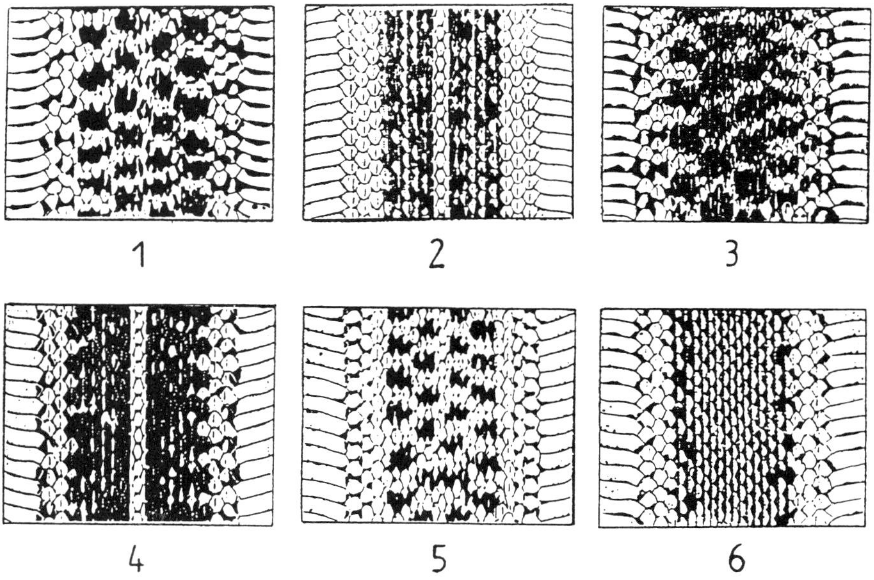

L e b e n s w e i s e: Im Gegensatz zu *T. a. atratus* findet sich die Unterart auch an schneller fließenden Gewässern, denen sie in ihrer Körperform besser angepaßt ist.

B e m e r k u n g e n: Die Art galt bisher als Unterart von *T. couchii*, der sie ihrer Lebensweise stark ähnelt. Hat im Vergleich zu *T. couchii* einen kürzeren Kopf und vergrößerte Oberlippenschilde (6. und 7. Oberlippenschild), *T. couchii* zeichnet sich zudem durch massive schwarze Pigmentierungen der Ventralschilde aus.

Im europäischen Raum selten im Terrarium gehalten. Gilt als relativ scheue und anfänglich beißfreudige Art. In den USA mehrfach im Terrarium nachgezogen.

7.2 *Thamnophis brachystoma* COPE, 1900

Englisch: Short-headed Garter Snake.

Deutsch: Kurzkopf-Strumpfbandnatter.

Größe: Sehr kleine Art, die in der Regel nur 35 – 45 cm lang wird (Rekord 55,9 cm).

Merkmale: Sehr kurz erscheinender Kopf, der kaum vom Rumpf abgesetzt ist. 6 Oberlippenschilde. Die Dorsalschuppenreihen (17) erscheinen braun bis oliv, die Streifenzeichnung ist deutlich (gelblich). Lateralstreifen auf 2. und 3. Dorsalschuppenreihe, im vorderen Körperdrittel auf 4. Dorsalschuppenreihe übergreifend. Lateralstreifen werden von zahlreichen schwarzen Punkten begrenzt, die eine dünne Linie bilden. Zwischen den Streifen sind keine Fleck- oder Punktreihen sichtbar, wodurch sie sich von *T. butleri* unterscheidet.

Verbreitung: Südwestliches New York und Nordwesten Pennsylvaniens, eingeschleppte Populationen in der Nähe von Pittsburgh.

Lebensweise: Eine Schlange, die typisch für das Allegheny-Plateau ist. Bevorzugt offene Ländereien, Weiden, Felder, meidet dichte Gebüsche oder Gehölze. Häufig in der Nähe von Gewässern unter schützenden Gegenständen und Steinen anzutreffen. Ernährt sich hauptsächlich von Regenwürmern und Schnekken sowie anderen Invertebraten.

Bis zu 15 Junge werden in der Zeit von Ende Juli bis September geboren.

Bemerkung: Im Terrarium stellt *T. brachystoma* ähnliche Ansprüche wie die nahe verwandte *T. butleri*.

7.3 *Thamnophis butleri* COPE, 1900

Englisch: Butler's Garter Snake.

Deutsch: Butlers Strumpfbandnatter

Größe: Kleine Art, die normalerweise 50 cm Körperlänge nicht überschreitet, Rekordlängen bis 69,2 cm nachgewiesen.

Merkmale: Kopf schmal und kaum vom Rumpf abgesetzt; 19 Dorsalschuppenreihen; 7 Oberlippenschilde. Deutliche Streifenzeichnung auf oliv-braunem bis schwärzlichem Grund, Lateralstreifen auf 3. Dorsalschuppenreihe, auf 2. und 4. Dorsalschuppenreihe übergreifend. Zwischen Dorsalstreifen und Lateralstreifen gewöhnlich schwarze Punkte. Lateralstreifen gelb bis orange, Dorsalstreifen heller. Erste Dorsalschuppenreihen und Ventralia schokoladenbraun gefärbt.

Verbreitung: Ohio und südöstliches Ontario; östliches Michigan bis zentrales Indiana und südöstliches Wisconsin.

Lebensweise: Bevorzugt offene Grasländer und Prärie-ähnliche Habitate. In manchen Gebieten häufig, anderenorts selten oder nur gelegentlich nachgewiesen.

Ernährt sich in der Hauptsache von Würmern u. a. Invertebraten, gelegentlich auch von Amphibien. In menschlicher Obhut gewöhnen sich die Schlangen an Fischnahrung.

Die Art zeigt ein typisches Fluchtverhalten, wobei der Körper extrem von einer Seite zur anderen geworfen wird (Seitenwinden), ohne daß jedoch schnelle Vorwärtsbewegungen entstehen.

Abb. 62: T. *butleri.*

Bemerkung: Die Art wurde in Europa in den letzten Jahren regelmäßig importiert (als *T. sirtalis*, *T. radix* oder *T. ordinoides* angeboten!) und ist ein anspruchsloser

Terrarieninsasse, deren Haltung auch im Freilandterrarium empfehlenswert ist. Für die Terrarienhaltung ist ein Behälter mit einer dickeren Schicht Bodensubstrat und kleinerem Trinkgefäß empfehlenswert, die Tiere baden kaum und klettern wenig (MUTSCHMANN 1992). Nachzucht wiederholt gelungen.

7.4 *Thamnophis chrysocephalus* COPE, 1885

Größe: Etwa 50 cm.

Merkmale: 17 (15) Dorsalschuppenreihen; 6 (7) Oberlippenschilde. Kopf erscheint sehr hell und ist deutlich durch zwei dunkle Flecke im Nacken vom Rumpf abgesetzt. Dorsalstreifen fehlt oder ist lediglich undeutlich im Nackenbereich vorhanden. Lateralstreifen ist irregulär gezackt und bedeckt die 2. und 3. Dorsalschuppenreihe. Die Grundfärbung des Rückens ist hellbraun bis braungrau, auf jeder Körperseite finden sich zwei Reihen kleiner dunkler Punkte. In einigen Gebieten treten Tiere mit fast schwarzer Grundfärbung des Dorsums auf.

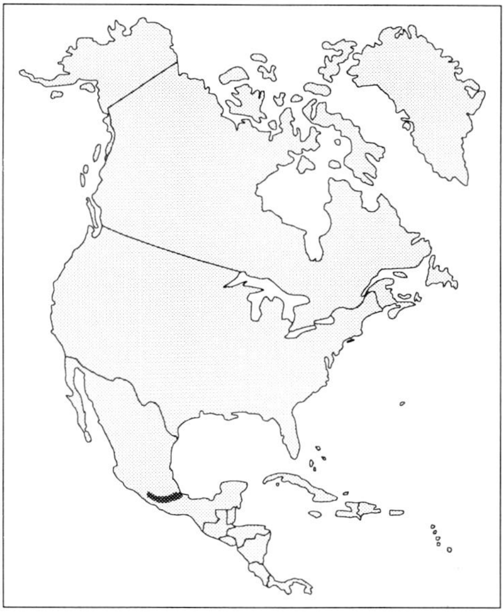

Verbreitung: Mexiko (Veracruz, Puebla, Guerrero, Oaxaca).

Lebensweise: Relativ unbekannt. Hochlandtier.

Bemerkungen: Dunkel erscheinende Exemplare mit teilweise fast schwarzer Grundfärbung beschrieb TAYLOR (1939) als *T. eburatus*. SMITH (1942) ordnete diese Tiere *T. crysocephalus* zu, da keine grundsätzlich anderen Merkmale, sondern lediglich dunklere Pigmentierungen vorliegen.

Über die Haltung in menschlicher Obhut wurden keine Angaben gefunden.

7.5 *Thamnophis couchii* KENNICOTT, 1859

Englisch: Western Aquatic Garter Snake; Westcoast Garter Snake; Black Water Snake; Couch's Water Snake; Fish Snake; Mocassin Garter Snake.

Deutsch: Westliche Strumpfbandnatter; Couchs Strumpfbandnatter.

G r ö ß e: 50 bis 100 cm.

M e r k m a l e: Meist 21 Dorsalschuppenreihen (19 – 21) in der Körpermitte. 157 bis 190 Ventralschilde, 70 bis 95 Ventralia. 8 Oberlippenschilde, 6. und 7. Oberlippenschild nicht deutlich vergrößert und gewöhnlich breiter als hoch. In der Regel 11 Unterlippenschilde. Hinteres Paar der Rinnenschilde zumeist länger als das rostrale Paar, die Internasalia erscheinen länger als breit und sind am rostralen Ende spitz auslaufend. Das gesamte Rostrum wirkt sehr langgezogen und spitz, die Maulöffnung sehr groß. Der gesamte Kopf wirkt flach und erweckt eine »strengen« Eindruck. Färbung und Zeichnung sind äußerst variabel. Der Dorsalstreifen ist oft undeutlich von der Grundfärbung der Dorsalschuppenreihen abgehoben, immer sehr schmal und häufig im Nackenbereich etwas verbreitert. Lateralstreifen — wenn vorhanden — auf der 2. und 3. Dorsalschuppenreihe. Der Rücken ist meist dunkel getupft, gepunktet oder gefleckt. Die Ventralschilde weisen fast immer eine deutliche schwarze Pigmentierung oder Fleckenzeichnung auf. Die Supralabialia sind dunkel gefärbt bzw. schwarz pigmentiert oder hell mit breiter schwarzer Randmarkierung. Im Bereich der Parietalschilde finden sich vermehrt schwarze Pigmente (siehe auch Tafel 1, 1. Reihe links).

V e r b r e i t u n g: Südwesten Oregons bis zum zentralen Kalifornien; äußerster Westen Nevadas bis zur Pazifikküste.

L e b e n s w e i s e: Kommt sowohl in der Ebene, als auch im Gebirge bis in Höhe von 2440 m üNN vor. Bevorzugt in Wassernähe lebend, wobei sehr unterschiedliche Biotope besiedelt werden. Stark aquatile Lebensweise. Bis zu 25 Jungschlangen werden von Ende August bis Oktober geboren. Die Nahrung besteht aus Fischen, Amphibien, Blutegeln, Schnecken und anderen Invertebraten.

B e m e r k u n g: Die Art wurde ursprünglich als Unterart von *T. elegans* angesehen, unterscheidet sich jedoch morphologisch und durch die stärker aquatile Lebensweise von dieser. Einige, später *T. couchii* zugeordnete Unterarten, gelten dagegen heute als selbständige Arten. Hybriderscheinungen zwischen diesen Unterarten wurden in der Literatur stark diskutiert, wobei widersprüchliche Aussagen über deren Häufigkeit vertreten wurden.

T. couchii wurde wiederholt in Europa eingeführt, jedoch handelte es sich häufig um Einzeltiere. Über Terrariennachzuchten im europäischen Raum liegen keine Angaben vor, in den USA wurde die Art mehrfach erfolgreich nachgezogen. Die

Abb. 63 (oben): Habitat von *T. couchii* in Kalifornien.

Abb. 64 (rechts): Porträt einer *T. couchii*. Foto: HALLMANN.

Tiere halten sich in menschlicher Obhut gerne für längere Zeit im Wasserbecken auf und lieben es, lebende Fische zu jagen. Diesem Verhalten ist bei der Terrariengestaltung Rechnung zu tragen.

7.6 *Thamnophis cyrtopsis* KENNICOTT, 1860

Englisch: Ocelled Garter Snake; Spotted Garter Snake; Brown Garter Snake; Checkerboard Garter Snake; Collared Garter Snake; Green-bellied Garter Snake; Reuss' Garter Snake; White-bellied Garter Snake; Black-necked Garter Snake.

Deutsch: Schwarznacken-Strumpfbandnatter; Mexikanische Strumpfbandnatter; Ocellen-Strumpfbandnatter.

Größe: 50 bis 110 cm.

Merkmale: 19 Dorsalschuppenreihen; 8 (7) Oberlippenschilde. Anzahl der Ventralia meist mehr als 160. Lateralstreifen mitunter undeutlich oder fehlend, wenn vorhanden, auf 2. und 3. Dorsalschuppenreihe, zum Teil zickzackartig verlaufend. Dorsalstreifen zuweilen ebenfalls zickzack- bzw. wellenartig verlaufend, schmal aber deutlich. Markante dunkle Flecke beiderseits im Nackenbereich, die vielfach die Tendenz zur Fusion zeigen und dann nicht durch den Dorsalstreifen geteilt werden. Dorsalstreifen häufig im Bereiche des Nackens etwas verbreitert. Ein deutliches, zweireihiges Fleckenmuster zwischen den Dorsalstreifen und den Lateralstreifen. Die Tiere wirken insgesamt schlank und grazil.

Verbreitung: Südliches Utah und Colorado bis zum westlichen Honduras (mit Ausnahme der Ebenen im östlichen Mexiko).

Lebensweise: Typisches Gebirgstier, kommt bis in die Höhe von 3 000 m üNN vor und liebt die Nähe von Gebirgsbächen und fließenden Gewässern oder Quellgebiete. Lichte Wälder und arides Gelände werden bevorzugt.

Bei Gefahr flüchtet diese Schlange gerne ins Wasser. Legt schwimmend lange Strecken zurück, wobei sie sich deutlich schneller als die Fließgeschwindigkeit des Wassers vorwärts bewegt.

7 bis 25 Jungschlangen werden im Zeitraum von Ende Juni bis August geboren (gilt für nördliche Subspezies). Die Nahrung besteht in der Hauptsache aus Amphibien und deren Entwicklungsstadien sowie Fischen, Crustacaen (*Triops*) und Invertebraten.

Bemerkungen: Die taxonomische Einordnung und Unterteilung dieser Spezies war in den letzten Jahren vielfachen Veränderungen unterworfen, besonders was die mexikanischen Unterarten anbelangt. Mehrere, ehemalig *T. sumichrasti* unter-

Abb. 65 (rechts): *T. cyrtopsis collaris*. Alkoholpräparat aus dem Zoologischen Museum Berlin.

Abb. 66 (rechts unten): Kopfstudien verschiedener mexikanischer Strumpfbandnattern. Modifiziert und ergänzt nach WEBB (1978). A *T. cyrtopsis postremus;* B *T. cyrtopsis collaris;* C *T. cyrtopsis pulchrilatus;* D *T. vicinus;* E *T. cyrtopsis collaris;* F *T. nigronuchalis;* G *T. fulvus.*

stellte Formen, werden heute als Unterart von *T. cyrtopsis* geführt. T. *sumichrasti cerebrosus* ist bezüglich der taxonomischen Einordnung stark umstritten, der Taxon hat einen bislang unsicheren Status. PETERS & OREJAS-MIRANDA (1970) hielten die Unterart für ein Synonym von *T. c. fulvus*. Während ROSSMAN (1971) die Tiere *T. cyrtopsis* zuordnete, geht WEBB (1982) von einer engeren Beziehung zu *T. marcianus* aus, obwohl die für letztere Spezies typische Kopfzeichnung fehlt.

Die Subspezies *T. c. postremus* und *T. c. pulchrilatus* sind nach neuesten Untersuchungen als eigene, valide Arten zu betrachten (ROSSMAN: Diskussion auf SSAR-Congress 1993, University of Indiana).

T. cyrtopsis wurde im Terrarium mehrfach nachgezüchtet. Die Tiere benötigen ein gut durchlüftetes und beheiztes Terrarium mit größerem Badegefäß.

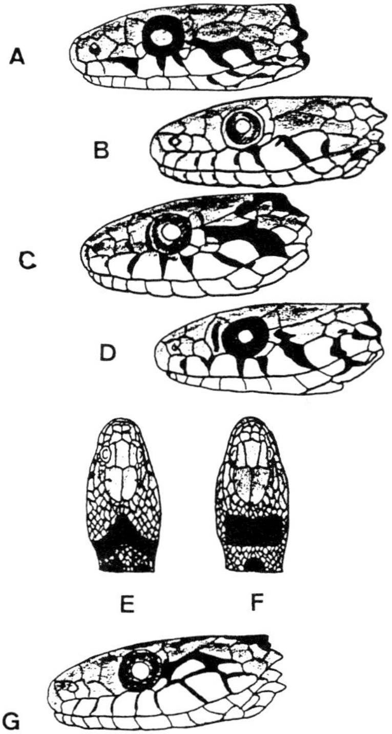

Unterarten:

T. c. cyrtopsis KENNICOTT, 1960

Englisch: Western Black-necked Garter Snake.

Deutsch: Westl. Schwarznacken-Strumpfbandnatter.

Verbreitung: Trans Pecos-Gebiet in Texas, südöstliches Utah und südliches Colorado bis nach Mexiko (Sonora; Zacatecas; San Luis Potosi).

Merkmale: Nackenzeichnung durch Dorsalstreifen unterbrochen. Dorsalstreifen im vorderen Drittel orange, anschließend gelb bis gelbbraun. Lateralstreifen gelblich bis weiß, meist durch das Eindringen schwarzer Flecke mit zickzackartigem Verlauf. Kopfoberseite grau bis stahlblau, hebt sich deutlich von der Nackenzeichnung ab. Ventralia hell, ohne dunkle Pigmentierung, mit heller Grundfärbung (weißlich, grünlich, bläulich oder hellbraun). Zwischen Dorsal- und Lateralstreifen finden sich 2 Reihen kleinerer dunkler Punkte, die sich nach caudal verlieren. Zwischen Nackenflecken und Maulspalte befindet sich ein weißlicher Fleck. Die Jungschlangen sind wesentlich heller als adulte Exemplare.

T. c. collaris JAN, 1863

Englisch: Collared Garter Snake.

Deutsch: Halsband-Strumpfbandnatter.

Verbreitung: Mexiko (südliches Chihuahua; Chiapas; Michoacan) bis nach Guatemala (Baja Verapaz; Huehuetenango; San Marcos). Mehr in Niederungsgebieten und im Flachland zu finden (nicht im mexikanischen Tepalcatepec-Tal).

Merkmale: Grundfärbung des Rückens rotbraun oder dunkelbraun mit großen, jedoch zuweilen undeutlichen dunklen Flecken. Markanter Dorsalstreifen vom Nacken bis zum Schwanz, teilweise durch obere Fleckenreihe zackenartig begrenzt. Deutliche, dunkle »Halsband-Zeichnung«, nicht vom Dorsalstreifen unterbrochen. Oberlippenschilde nur sehr schmal schwarz umrandet, ohne die bei anderen Unterarten typischen kommaförmigen Markierungen, die Unterlippenschilde sind gewöhnlich nicht mit schwarzen Randmarkierungen versehen.

T. c. ocellatus COPE, 1880 (siehe auch Tafel 2, 1. Reihe links)

Englisch: Eastern Black-necked Garter Snake; Ocelled Garter Snake.

Deutsch: Östliche Schwarznacken-Strumpfbandnatter; Ocellen-Strumpfbandnatter.

Verbreitung: Texas, vom Big Bend-Gebiet bis zum Edwards-Plateau. Charakteristische Einzelreihe ocellenartiger dunkler Flecken zwischen Dorsalstreifen und Lateralstreifen. Lateralstreifen hell, auf 2. und 3. Dorsalschuppenreihe, mit wellenartigem Verlauf zwischen den darüberliegenden Ocellen und darunterliegender Flecken, durch welche sie teilweise unterbrochen werden.

Merkmale: Hellgraue bis blaugraue Kopfoberseite setzt sich markant von den Nackenflecken ab. Dorsum gewöhnlich braun bis fast schwarz. Die Bauchschilde sind hell (weißlich, bläulich oder grünlich) ohne Markierungen.

T. c. postremus SMITH, 1942

Englisch: Tepalcatepec Valley Garter Snake.

Verbreitung: Mexiko (Michoacan). Begrenzt auf das Tepalcatepec–Tal. Bis in Höhen von ca. 1 100 m üNN Möglicherweise auch östlich bis in das Balsas Basin in Guerrero.

Merkmale: Zumeist 7 Oberlippenschilde. Nackenzeichnung fusioniert. Der Dorsalstreifen wirkt düster, ist oft nur im Nackenbereich angedeutet und zum Teil fehlend. Der Dorsalstreifen steht in keinem starkem Kontrast zur Grundfärbung des Rückens. Lateralstreifen meist fehlend. Doppelreihe dunkler, mehr rundlicher und kleiner Flecke neben dem Dorsalstreifen. Die Grundfärbung des Rückens ist hellbraun, die ersten 3 Dorsalschuppenreihen wirken deutlich heller als die Restfläche. Die obere Fleckenreihe unterbricht zuweilen den Dorsalstreifen. Breite schwarze Markierungen auf den Oberlippenschilden, die im Bereich des 6. und 7. Oberlippenschildes hufeisenförmig erscheinen können. Die Zunge ist rot und besitzt eine schwarze Spitze. Die Schlangen haben 7 (6 – 9) Oberlippenschilde und 19 Dorsalschuppenreihen in der Körpermitte. Die durchschnittliche Anzahl der Ventralia beläuft sich bei männlichen Exemplaren auf 146,1 und bei den weiblichen auf 139,7 (WEBB 1978).

Bemerkung: Diese Unterart ist nach ROSSMAN (1993, pers. Mitteilung) wahrscheinlich als eigene, valide Art anzusehen.

T. c. pulchrilatus COPE, 1885

Englisch: Mexican Highland Garter Snake.

Verbreitung: Mexiko (auf die Misch- und Nadelwaldgebiete des Hochlandes der Cordilliere Volcanica begrenzt).

Merkmale: Markanter, dunkler, ventrolateraler Streifen zieht sich über die 1. Dorsalschuppenreihe, häufig mit regelmäßig verteilten schwarzen (paarweise auftretenden) Punkten durchsetzt. Deutliche, helle Lateralstreifen auf der 2. und 3. Dorsalschuppenreihe. Dorsalstreifen ebenfalls deutlich und sich von Nacken bis zum Schwanz hinziehend. Breiter schwarzer Streifen quer über die Temporalschilde zum 7. Oberlippenschild hinziehend. Die Grundfärbung des Rückens ist schwärzlich oder dunkelbraun mit schwarzen Flecken. Die Schuppenkielung hebt sich mitunter hell ab. Die Tiere weisen in der Regel 7 Oberlippenschilde auf. Die Anzahl der Ventralia beträgt bei den Männchen durchschnittlich 161,3 und bei den Weibchen 160,4 (WEBB 1978).

Bemerkung: Nach ROSSMAN (pers. Mitteilung) handelt es sich bei dem Taxon *pulchrilatus* um eine valide Art.

7.7 *Thamnophis elegans* BAIRD & GIRARD, 1853

Englisch: Mountain Garter Snake; Boyd's Garter Snake; California Garter Snake; Single-striped Garter Snake; Western Terrestrial Garter Snake; Three-striped Garter Snake

Deutsch: Berg-Strumpfbandnatter; Wandernde Strumpfbandnatter; Westliche Strumpfbandnatter.

Größe: 50 bis 110 cm.

Merkmale: 19 oder 21 Dorsalschuppenreihen; 8 Oberlippenschilde (6 und 7. Oberlippenschild gewöhnlich höher als breit); 10 Unterlippenschilde. Rinnenschilde annähernd gleiche Größe. Augen relativ klein. Im Gegensatz zu *T. couchii* keine schmalen, rostral spitz auslaufenden, sondern kurze, breiter als lang erscheinende Zwischennasenschilder. In der Regel sind Dorsalstreifen und Lateralstreifen gut ausgeprägt, die Lateralstreifen verlaufen auf der 2. und 3. Dorsalschuppenreihe. Die helle Grundfärbung des Rückens ist zwischen den Streifen dunkel gefleckt oder gepunktet, oder es finden sich weißliche Tupfen auf schwarzem Grund. Einige Unterarten zeigen eine rote Pigmentierung an den Flanken und auf der Kopfoberseite. Ventralia grau, bräunlich und rotgefleckt.

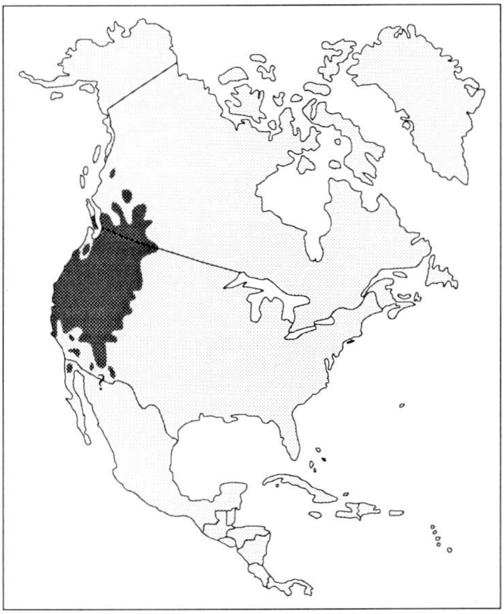

Verbreitung: British Columbia im Norden (Peace-River-Distrikt) bis nach Mexiko (Baja California, Chihuahua, Zacatecas und Durango) im Süden. Nordwestliches Oregon, Südwesten Süddakotas, äußerster Westen Oklahomas bis zur Pazifikküste.

Lebensweise: Stärker terrestrisch lebende Art, jedoch auch in Wassernähe anzutreffen. Kommt in sehr unterschiedlichen Biotopen vor, so in Wald- und Buschland, offenen Grasländereien, Trockendünengebieten usw. Im Flachland und im Gebirge heimisch (bis über 2 500 m üNN). Lebt sowohl stark terrestrisch als auch mehr oder weniger semiaquatil. Die Nahrung ist sehr vielgestaltig und abhängig von den gegebenen Habitaten. Neben Schnecken, Würmern, Amphibien werden Echsen, Schlangen, Vögel oder Nager, zuweilen auch Fische erbeutet. Teilweise zur semiarborealen Lebensweise übergegangen. Von Ende Juli bis September werden bis zu 20 Junge geboren.

Bemerkung: Gut für die Terrarienhaltung geeignet und wiederholt nachgezogen. Besonders *T. e. vagrans* wird häufiger importiert.

Tafel 1 (von oben nach unten):

1. Reihe links: *Thamnophis couchii*
   rechts: *Thamnophis sirtalis annectens*
2. Reihe links: *Thamnophis fulvus*
   rechts: *Thamnophis radix*
3. Reihe links: *Thamnophis atratus atratus*
   rechts: *Thamnophis sirtalis infernalis* (Foto: OKAPIA)
4. Reihe links: *Tropidoclonium lineatum* (Foto: MINTON)
   rechts: *Thamnophis sirtalis* – melanistisches Exemplar (Foto: STRATHEMANN)

Abb. 67: *T. elegans vagrans* (Zoologisches Museum Berlin).

Unterarten:

T. e. elegans BAIRD & GIRARD, 1853

Englisch: Western Terrestrial Garter Snake; Mountain Garter Snake.

Deutsch: Berg-Strumpfbandnatter, Westliche Strumpfbandnatter.

Verbreitung: Gebirgszüge im südlichen Oregon und Nordkalifornien; ebenso in den Bergen von San Bernardino (Kalifornien).

Merkmale: Lateralstreifen heben sich sehr deutlich gegenüber der graubraunen bis schwarzen Grundfärbung des Dorsums ab. Dorsalstreifen sehr fein, weiß oder gelblich bis orange, zum Teil nur im Nacken sichtbar oder aber deutlich und breit. Ventralia hell mit weißlichen Flecken und kleinen schwarzen Punkten im hinteren Körperdrittel. Keine roten Markierungen der Flanken oder der Körperoberseite.

T. e. arizonae TANNER & LOWE, 1989

Englisch: Arizona Terrestrial Garter Snake.

Verbreitung: Arizona (Navajo County; Apache County) und angrenzende Gebiete Mexikos.

Merkmale: Charakteristischer breiter Dorsalstreifen (zwei bis drei Reihen breit), der von kleinen schwarzen Punkten eingesäumt wird, die jedoch — im Gegensatz zur Unterart *T. e. vagrans* — nicht bzw. nur undeutlich auf den Streifen übergreifen. Der Dorsalstreifen ist im Nacken verbreitert. Lateralstreifen undeutlich gegen erste Dorsalschuppenreihe abgesetzt. Dorsum mit heller grauer bis olivbräunlicher Grundfärbung, Unterseite des Rumpfes grau.

T. e. biscutatus COPE, 1883.

Englisch: Klamath Garter Snake; Northwestern Garter Snake; Washington Garter Snake.

Verbreitung: Südliches und zentrales Oregon, nordöstliches Kalifornien, Nevada und Washington.

Merkmale: Relativ dick und plump erscheinende Unterart. Dorsalstreifen gelb bis braun und deutlich, Lateralstreifen mehr unscheinbar. Grundfärbung des Dorsums dunkelbraun bis schwarz mit vielen tiefschwarzen Pigmenten durchsetzt. Ventralia hellgrau und teilweise mit braunen Punkten oder Flecken. Präocularschild tendiert zur Teilung.

Bemerkung: Der Status der Unterart ist derzeit noch umstritten!

Abb. 68: *T. elegans biscutatus* (Zoologisches Museum Berlin).

T. e. errans SMITH, 1942

Verbreitung: Mexiko (Chihuahua; Durango; Zacatecas).

Merkmale: 19 Dorsalschuppenreihen, nur 7 Oberlippenschilde (bei den meisten Exemplaren). Heller, bis zum Schwanz markanter und auf die vertebrale Schuppenreihe begrenzter Dorsalstreifen. Lateralstreifen hebt sich nur undeutlich von der geringfügig dunkler erscheinenden 1. Dorsalschuppenreihe ab. Dunkles, in der Regel durch den Dorsalstreifen unterteiltes Nackenband (sehr ähnlich *T. cyrtopsis*!). Ventralia hellorange oder gelblich. Grundfärbung des Rückens graugrün oder oliv mit dunkler Sprenkelung, die im vorderen Körperabschnitt als markantes Fleckenmuster auftreten kann.

Bemerkung: Nach neueren Untersuchungen wahrscheinlich eigene Art!

T. e. hueyi Van Denburgh & Slevin, 1923

Englisch: San Pedro Martir Garter Snake.

Verbreitung: San Pedro Martir-Gebiet in Niederkalifornien (Mexiko).

Merkmale: Dorsal- und Lateralstreifen markant. Dorsalstreifen gelblich. Grundfärbung des Rückens graubraun bis oliv mit zuweilen deutlich hervortretenden dunklen Punkten. Sehr *T. e. vagrans* ähnelnd, jedoch im gesamten Erscheinungsbild dunkler und mit deutlich heller abgesetzten, weißen Oberlippenschilden.

T. e. terrestris Fox, 1951

Englisch: Coast Garter Snake.

Deutsch: Westliche Strumpfbandnatter.

Verbreitung: Schmaler Streifen entlang der kalifornischen Küste vom Santa Barbara County über die Ostseite der San Francisco-Bay bis nach Oregon.

Merkmale: Dorsalstreifen typisch hellgelb gefärbt. Helle orange bis rote Flecke finden sich auf den Ventralschilden und den ersten Dorsalschuppenreihen und dringen zum Teil in die Lateralstreifen ein. Manchmal liegen drei gelbe Streifen vor. Auf rötlicher Grundfärbung der Dorsalschuppenreihen zwischen den Streifen befinden sich dunkle Flecke. Zuweilen auch alternierende rote und schwarze Bezirke zwischen Dorsal- und Lateralstreifen. Parietalbereich des Kopfes oft auch rötlich gefärbt.

Abb. 69: *T. e. vagrans* aus Idaho. Das Tier zeigt in Natura eine sehr helle, graubeige Grundfärbung.

T. e. vagrans Baird & Girard, 1853 (siehe auch Tafel 2, 2. Reihe links)

Englisch: Wandering Garter Snake.

Deutsch: Wandernde Strumpfbandnatter.

Verbreitung: Küste British Columbias bis zur Westgrenze des Großen Beckens; Nevada und nordwestliches New Mexico; Rocky Mountains bis Süddakota; südliches Saskatchewan und Alberta in Kanada.

Merkmale: Graue, bräunliche oder olive Grundfärbung mit düster gelbem Dorsalstreifen, der sich zum Schwanz hin verliert. Schwarze Pigmente begrenzen den Dorsalstreifen irregulär nach lateral, dringen in ihn ein und unterbrechen ihn zuweilen. Fleckenzeichnung zwischen Dorsal- und Lateralstreifen entweder sehr klein oder aber zu großen schwarzen Gebieten zusammengeflossen. Mitunter ist der gesamte Raum zwischen Dorsal- und Lateralstreifen schwarz. Lateralstreifen fehlen bei vielen Exemplaren. Es sind melanistische Exemplare bekannt. Analschild zuweilen gefurcht oder geteilt.

Abb. 70: *T. elegans vagrans* aus Kalifornien mir sehr dunkler Grundfärbung und hellgelbem Dorsalstreifen.

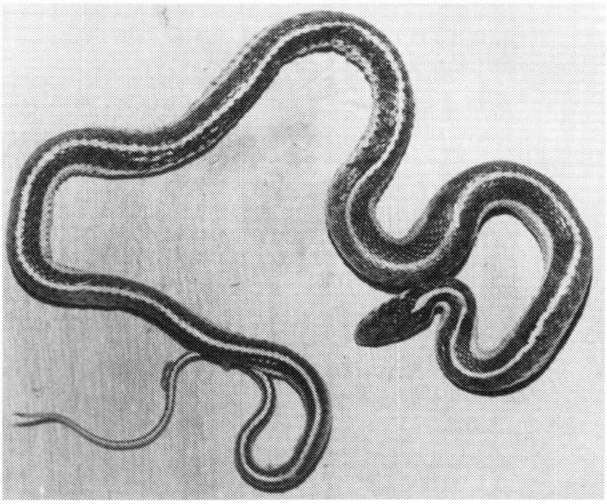

Abb. 71: Jungtier von *T. elegans vagrans* aus Kalifornien (Zoologisches Museum Berlin).

T. e. vascotanneri TANNER & LOWE, 1989

Englisch: Upper Basin Garter Snake.

Verbreitung: Utah.

Merkmale: Dorsalstreifen fehlt oder ist nur durch helle Areale oder Punkte angedeutet. Über den Rücken verlaufen schmale, dunkle Querbänder, die sich von der Grundfärbung abheben und den undeutlichen Dorsalstreifen durchqueren. Lateralstreifen ebenfalls undeutlich und nur wenig heller als die erste Dorsalschuppenreihe. Grundfärbung des Rückens grau. Die Ventralia sind dunkelgrau und weisen an den Rändern kleine schwarze Punkte auf. Die Kopfoberseite ist hellgrau, an den Seiten bräunlich bis orange. Dunkler Nackenfleck.

Bemerkungen: Die von JOHNSON (1940) beschriebene Population von *T. elegans* in British Columbia (Kanada) wird heute überwiegend nicht mehr als *T. e. nigrescens* angesprochen, sondern *T. e. vagrans* zugeordnet (FITCH 1940, 1948). *T. e. errans*, von SMITH (1942) als *T. ordinoides errans* erwähnt, wird von FITCH (1948) als *T. errans* angesprochen, während TANNER (1959) und WEBB (1976) die Tiere wieder *T. elegans* unterordnen. ROSSMAN führt die Tiere wiederum als valide Art an (pers. Mitt.).

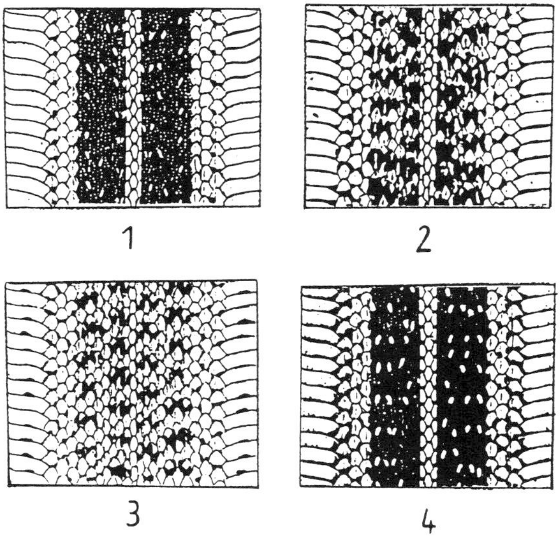

Abb. 72: Schematische Darstellung der Körperzeichnung verschiedener *T. elegans*-Unterarten. **1** *T. e. elegans;* **2** *T. e. terrestris;* **3** *T. e. vagrans;* **4** *T. e. biscutatus.* Modifiziert nach STEBBINS (1985).

7.8 *Thamnophis eques* REUSS, 1834

Englisch: Mexican Garter Snake; Arizona Garter Snake; Emory's Garter Snake.

Deutsch: Mexikanische Strumpfbandnatter.

Größe: 40 bis 100 cm.

Merkmale: Lateral- und Dorsalstreifen präsent und gelb bis orange gefärbt, Lateralstreifen auf 3. und 4. Dorsalschuppenreihe. 19 bis 21 Dorsalschuppenreihen, bräunlich bis oliv in der Grundfärbung. Zwischen den Streifen sind vielfach mehrere dunkle Punkte angeordnet. 8 bis 9 Oberlippenschilde. Hinter dem letzten Oberlippenschild befindet sich eine scharf umrissene, weiße bis grünliche Markierung. Die paarig angelegte schwarze Fleckenzeichnung im Nacken wird durch den Dorsalstreifen unterbrochen. Kielung der Dorsalschuppen hebt sich vielfach hell von der Grundfärbung ab.

Verbreitung: Südöstliches Arizona und New Mexico über das Mexikanische Plateau bis Oaxaca (Mexiko).

Lebensweise: Lebt in Wassernähe in Gebirgsgegenden (600 bis 2 600 m üNN). Im US-Bundesstaat Arizona früher auch häufig im Flachland angetroffen. Lebt in Kiefer-Eichen-Mischwäldern, aber auch im offenen Grasland und in ausgesprochenen Trockengebieten entlang von Wasserläufen. Als Beute werden Frösche und andere Amphibien bevorzugt.

Die Jungschlangen werden von Ende Juni bis August geboren, wobei Wurfgrößen von 20 bis 25 Jungtieren typisch sind.

Unterarten:

T. e. eques Reuss, 1834

Englisch: Mexican Garter Snake.

Verbreitung: Zentrales Durango und südliches Sinaloa südwärts bis nach Michoacan, westlich bis Hidalgo und zentrales Veracruz. Hochland im zentralen Oaxaca und Sierra Made del Sur im zentralen Guerrero.

Merkmale: Die Unterart zeichnet sich durch 19 Dorsalschuppenreihen im Bereich der Körpermitte aus. Bis zu 166 Ventralschilde bei männlichen Tieren und 162 Ventralia bei weiblichen Exemplaren. Die Unterart hat 8 Supra- und 10 Infralabialschilde. Dorsalstreifen erscheint schmal und ist häufig auf die vertebrale Schuppenreihe begrenzt.

Abb. 73 (oben): *T. e. eques*. Präparat aus dem Zoologischen Museum Berlin.

Abb. 74 (rechts): *T. eques megalops*.

T. e. megalops KENNICOTT, 1860 (siehe auch Tafel 2, 3. Reihe rechts)

Englisch: Northern Mexican Garter Snake.

Verbreitung: Texas (äußerster Westen), Arizona, New Mexico (USA); Baja California, Chihuahua, Durango, Guanajuato, Hidalgo, San Luis Potosi und Sonora (Mexiko).

Merkmale: Kielung der Dorsalschuppenreihen hell, hebt sich deutlich von der dunkelbraunen bis schwarzen Färbung der restlichen Flächen der Dorsalschuppen ab. Beiderseits des Dorsalstreifens an den Seitenflächen des Körpers mehr oder weniger prominente quadratische Fleckenzeichnung. Färbung der Dorsalstreifen gelb bis weißlich. Der Dorsalstreifen ist breit, scharf begrenzt durch die Kielung der paravertebralen Dorsalschuppenreihen. 19 bis 21 Dorsalschuppenreihen in der Körpermitte.

T. e. virgataenius CONANT, 1963

Verbreitung: Mexiko (Durango, Chihuahua, Sonora).

Merkmale: *T. e. virgataenius* ist eine relativ dunkel erscheinende Unterart. Die Kielung der Dorsalschuppen hebt sich nicht merklich von der Grundfärbung (fast schwarz) ab. Die Dorsalstreifen sind schmal und auf die vertebrale Dorsalschuppenreihe begrenzt. Die dunkle Nackenzeichnung ist durch die dunkle Grundfärbung des Rückens nur undeutlich zu erkennen. Die Kopfoberseite ist bei Jungtieren schwarz, bei älteren Schlangen bräunlich. Die Haut zwischen den Dorsalschuppen ist weiß bis hellgelb.

Lebensweise: Findet sich besonders im bewaldeten Hochland.

7.9 *Thamnophis exsul* ROSSMAN, 1969

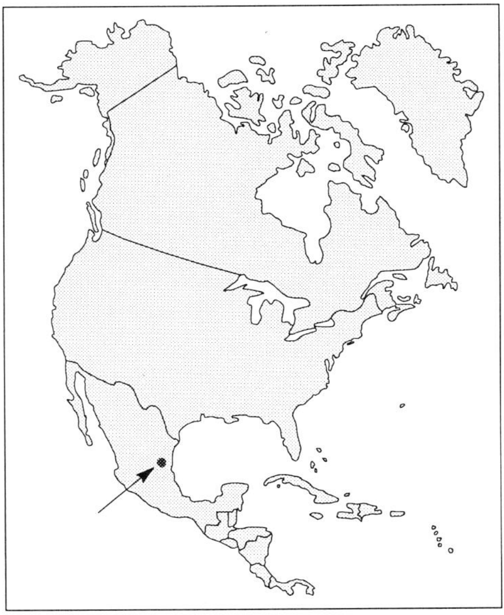

Größe: Die wahrscheinlich kleinste Art der Gattung *Thamnophis*. Bis ca. 40 cm Gesamtkörperlänge (36 cm Schnauzen-Rumpflänge). Holotypus 41,6 cm Gesamtlänge.

Verbreitung: Sierra de los Amargos (Coahuila, Mexiko), Pena Nevada (Nuevo Leon, Mexiko).

Merkmale: Ähnlich *T. mendax* und *T. scalaris*. 17 Dorsalschuppenreihen; keine Reduktion der Schuppenreihen im hinteren Rumpfabschnitt. 6 bis 7 Oberlippen- und 8 Unterlippenschilde. 142 bis 156 Ventralia, bis zu 65 Subcaudalia. Der Rücken ist zumeist graubraun. Eine helle Streifenzeichnung hebt sich nur undeutlich ab oder fehlt. Mitunter findet man 3 oder 4 alternierende Flecken- oder Punktreihen (bräunlich mit dunklerem Rand), die in das Streifenmuster eindringen. Färbungs- und Zeichnungsunterschiede zwischen Jungschlangen und adulten Exemplaren sind häufig. Immer ein dunkler Nackenfleck!

Abb. 75: *T. exsul.* Aus ROSSMAN (1969).

L e b e n s w e i s e: Hochlandtiere (alle bekannten Exemplare wurden in Höhen zwischen 2 650 bis 2 800 Metern gefunden). Terrestrisch lebend, oft weit von Gewässern entfernt gefunden. Bevorzugt Weiden und offenes Buschland sowie Lichtungen. Die bisher in wissenschaftlichen Sammlungen befindlichen Tiere wurde meist am Morgen gefangen, wenn die Morgennebel sich auflösten und der Boden noch sehr feucht war. Die Lebensweise ist noch weitgehend unbekannt. Das Verbreitungsgebiet ist nach bisherigen Erkenntnissen sehr klein, die Populationsdichte wird als gering eingeschätzt (ROSSMAN et al. 1989). Über eine Terrarienhaltung gibt es keine Hinweise in der durchgesehenen Literatur.

7.10 *Thamnophis fulvus* BOCURT, 1893

E n g l i s c h: Guatemaltecan Garter Snake.

D e u t s c h: Guatemala-Strumpfbandnatter.

G r ö ß e: Etwa 60 cm.

M e r k m a l e: 19 Dorsalschuppenreihen; 8 (7) Oberlippenschilde; 136 bis 154 Ventralia; 56 bis 80 Subcaudalschilde. Sehr ähnlich *T. cyrtopsis*, jedoch ist der Dorsalstreifen nicht über die gesamte Körperlänge ausgedehnt. Die Zunge ist vollkommen schwarz. Die Hemipenes unterscheiden sich durch Anzahl und Größe der Haken (siehe Abb. 16) von *T. cyrtopsis*. Die Tiere haben große Nackenflecken, die sich jedoch nicht so deutlich wie bei *T. cyrtopsis* von der Grundfärbung des Rückens abheben und zum Teil mit braunen Pigmenten durchsetzt sowie durch den Dorsalstreifen geteilt sind. Der Dorsalstreifen ist im Nacken etwas verbreitert und nur im ersten Körperdrittel deutlich. Lateralstreifen auf 2. und 3. Dorsalschuppenreihe, häufig unterbrochen oder undeutlich. Braune Pigmentierung der ersten Dorsalschuppenreihe geht auf die Ventralia über. Rücken oliv bis braun, zuweilen mit schwarzen Punkten durchsetzt, selten über die gesamte Körperlänge mit dunklen Flecken versehen (siehe auch Tafel 1, 2. Reihe links).

Kopfoberseite und Temporalregion mit deutlicher, unregelmäßiger schwarzer Zeichnung, Parietalstriche entweder fehlend oder schwarz umrandet.

Ventralia zeigen bei einigen Exemplaren einen feinen, dunklen longitudinalen Streifen (jedoch nicht so markant wie bei *T. melanogaster*) oder sind mit schwarzen Pigmenten durchsetzt.

Verbreitung: Mexiko (zentrales Hochland und Sierra Madre); Guatemala (guatemaltekisches Hochland; Sierra de Chuacus las Minas; Sierra de los Cuchumantanes; Alta Verapaz); westliches Honduras und nördliches El Salvador.

Lebensweise: Ähnlich *T. cyrtopsis*. Auf die Mischwaldgebiete des Hochlandes begrenzt, in Höhen von 1 600 bis 2 150 m üNN vorkommend.

Bemerkungen: Die taxonomische Einordnung der Art geht neben BOCOURT (1893) auf WEBB (1982) zurück. Frühere Autoren ordneten die Tiere *T. cyrtopsis* (STUART 1954, ROSSMAN 1966, 1971) oder aber *T. sumichrasti* (SMITH 1942) zu. Im Terrarium wiederholt nachgezüchtet (bis zu 25 Junge). BRUCHMANN (pers. Mitt.) gibt Tragezeiten zwischen 151 – 175 Tagen im Terrarium an.

7.11 *Thamnophis gigas* FITCH, 1940

Englisch: Giant Garter Snake.

Deutsch: Riesen-Strumpfbandnatter.

Größe: Bis zu 145 (160 ?) cm. Größte Art der Gattung.

Merkmale: 21 bis 23 Dorsalschuppenreihen, 8 – 9 Oberlippen- und 10 Unterlippenschilde. Kopfoberseite braun mit sehr feinen oder fehlenden Parietalstrichen. Ober- und Unterlippenschilde ohne dunkle Umrandung oder Markierung, gelegentlich feine braune Punktierung. Rücken graubraun bis oliv mit deutlicher voneinander abgesetzter Fleckenzeichnung, die ein geschecktes Aussehen hervorruft. Dorsalstreifen beige oder ockerfarben, unregelmäßig gezackt erscheinend. Lateralstreifen hellbraun. Die Streifenzeichnung kann mitunter fehlen, oder sie ist nur undeutlich ausgeprägt.

Verbreitung: Kalifornien (Great Valley von Sacramento und Antioch südwärts bis zum Buena Vista-See).

Lebensweise: Am Rande langsam fließender Gewässer mit schlammigem Untergrund, nie in größerer Entfernung vom Wasser entfernt anzutreffen. Flüchtet bei Gefahr blitzschnell ins Wasser. Die Art bevorzugt offene, semiaride Biotope.

Bemerkungen: Gleicht in ihrer Lebensweise sehr *T. couchii*, der sie in der Vergangenheit als Unterart untergeordnet war. Als im Herkunftsgebiet geschützte Art selten im Terrarium gehalten. Nach HANSEN & HANSEN (1990) wurden von trächtig gefangenen Weibchen im Labor zwischen 10 bis 46 Junge zur Welt gebracht.

Abb. 76: Kopfstudie einer *T. gigas* (Präparat aus dem Zoologischen Museum Berlin).

Abb. 77: *T. gigas.*

7.12 *Thamnophis godmani* GÜNTHER, 1894

Englisch: Mexican Garter Snake.

Deutsch: Godmans Strumpfbandnatter, Treppen–Strumpfbandnatter.

Größe: Bis ca. 50 cm.

Merkmale: Gewöhnlich 17 Dorsalschuppenreihen in der Körpermitte, die sich um 2 Reihen im hinteren Körperdrittel verringern. 134 bis 158 Ventralschilde, 61 bis 88 Subcaudalschilde bei männlichen und 60 bis 73 bei weiblichen Exemplaren. 7 Supralabial- und 10 Infralabialschilde sowie 1 Prä- und 3 Postocularschilde.

Kopfoberseite dunkelbraun, die Färbung zieht sich bis zum Nackenbereich hin, wo sie durch eine schwarze, quer verlaufende Linie begrenzt wird. Lippenschilde fast weiß, mit schwarzen Randmarkierungen. Vorletztes Oberlippenschild jeweils von breiter schwarzer Linie umgeben. Hellbrauner, auf die vertebrale Dorsalschuppenreihe begrenzter Dorsalstreifen, der bis zum Schwanz hin deutlich ist. Grundfärbung des Rückens braun (ähnlich der Kopfoberseite) mit Aufhellungen auf den ersten 2 bis 3 Dorsalschuppenreihen. 2 Reihen kleiner, alternierender Punkte auf jeder Körperseite (siehe auch Tafel 2, 4. Reihe links).

Bauch- und Unterschwanzschilde schiefergrau, Kehlgegend hell. Bauchschilde nicht schwarz umrahmt.

Verbreitung: Mexikanisches Hochland (Puebla; Oaxaca; Veracruz; Guerrero).

Lebensweise: Verhältnismäßig wenig bekannt. Typisches Hochlandtier, das sich in der Hauptsache von Amphibien und Wirbellosen ernährt.

Bemerkung: Galt bis vor wenigen Jahren als Unterart von *T. scalaris*, von der sie sich jedoch durch die Morphologie des Kopfes sowie molekulare Strukturen klar abgrenzen läßt.

7.13 *Thamnophis hammondii* KENNICOTT, 1860

Englisch: Two-striped Garter Snake; Southern California Garter Snake; California Garter Snake; Hammond's Garter Snake; Pacific Garter Snake; Water snake.

Deutsch: Zweistreifen-Strumpfbandnatter.

Größe: 60 bis 90 cm.

Merkmale: 19 bis 21 Dorsalschuppenreihen im Bereich der Körpermitte, 8 Oberlippenschilde, 1 – 2 Praeocular- und 3 Postocularschilde. Schlank erscheinende Schlange mit relativ langem Kopf. 160 bis 170 Ventralschilde bei den männlichen Tieren und 150 bis 169 bei weiblichen Exemplaren. Dunkle Nackenflecke. Dorsalstreifen fehlt oder ist lediglich als heller Fleck im Nackenbereich zu finden. Lateralstreifen markant, auf 2. und 3. Dorsalschuppenreihe, gewöhnlich oliv bis gelb gefärbt. Rücken oliv, graubraun bis braun mit 4 Reihen kleiner, gut voneinander getrennter Flecke oder Punkte, dazwischen häufig gelbliche Aufhellungen. Ventralia gelb bis orange. Schwarze Individuen ohne Lateralstreifen wurden wiederholt gefunden. Markanter heller Parietalfleck, der bei Alkoholpräparaten jedoch oft undeutlich wird.

Lebensweise: Liebt klare, fließende Gewässer, besonders steinige Bäche mit bewachsenen Ufern. Kommt bis in Höhen von über 2 000 m üNN vor.

Stark aquatile Lebensweise, taucht bei Gefahr sofort unter. Tag- und nachtaktiv. Ernährt sich von Fischen oder Amphibien, deren Entwicklungsstadien und Invertebraten. Die Jungschlangen (bis zu 25) werden Ende August bis Ende Oktober geboren.

Verbreitung: Kalifornische Küstengebiete von Salinas (Monterey County) bis zur Baja California. Isolierte Populationen bei San Ignacio, Mulege, Cadeje, Comondu sowie San Pedro la Pressa in Niederkalifornien (Mexiko).

Bemerkungen: Die Art war lange *T. couchii* zugeordnet. Bis vor kurzem wurden zwei Unterarten unterschieden. Untersuchungen von McGuire & Grismer (1993) zufolge ist eine Unterteilung in die Unterarten *T. h. hammondii* (Hammond two-striped garter snake) und *T. h. digueti* (Diguet garter snake) jedoch unzulässig, so daß *T. hammondii* als monotypische Spezies zu betrachten ist.

7.14 *Thamnophis marcianus* Baird & Girard, 1853

Englisch: Marcy's Garter Snake; Desert Garter Snake; Mouse Snake, Checkered Garter Snake.

Deutsch: Gefleckte oder Texas-Strumpfbandnatter.

Größe: 45 bis 110 cm.

Merkmale: 1 Präocularschild (südliche Unterarten 2), 19 bzw. 21 Dorsalschuppenreihen. Typische halbmondförmige, weißliche Fleckenzeichnung hinter der Maulspalte. Braune, graue, olive bis gelbliche Grundfärbung der Dorsalschuppenreihen. Eine Doppelreihe großer, quadratischer, schwarzer Flecke zwischen Dorsal- und Lateralstreifen ergibt vielfach ein deutliches Schachbrettmuster auf hellem Grund. Dorsalstreifen schmal und auf vertebrale Dorsalschuppenreihe begrenzt, Lateralstreifen auf 3. Dorsalschuppenreihe (zuweilen auch auf 2. und 4. Reihe). Dorsalstreifen im Nacken gelb, später cremefarben oder hellbeige. Lateralstreifen ockerfarben bis hell orange oder weißlich.

Lebensweise: Bevorzugt offene, baumlose oder semiaride Habitate, häufig in der Nähe von Quellen, kleinen Wasserläufen u. ä. Kommt sowohl in der Ebene, als auch im Gebirge vor. Südliche Unterarten sind zum Teil zu einer mehr nachtaktiven Lebensweise übergegangen, auch in den USA können die Tiere in warmen

Sommernächten bei der Nahrungssuche beobachtet werden. Im neotropischen Gebiet oft an Seeufern gefunden. Hier auch in dichtbewachsenen Habitaten.

Bis zu 20 Jungschlangen werden im Zeitraum von Juni bis August geboren (im nördlichen Verbreitungsgebiet!).

Ernährt sich von Amphibien, Echsen, Regenwürmern und Fischen sowie von Nagern.

Verbreitung: Äußerster Südosten Kaliforniens; Südliches Arizona; Texas; südwestliches Kansas; Mexiko bis Costa Rica.

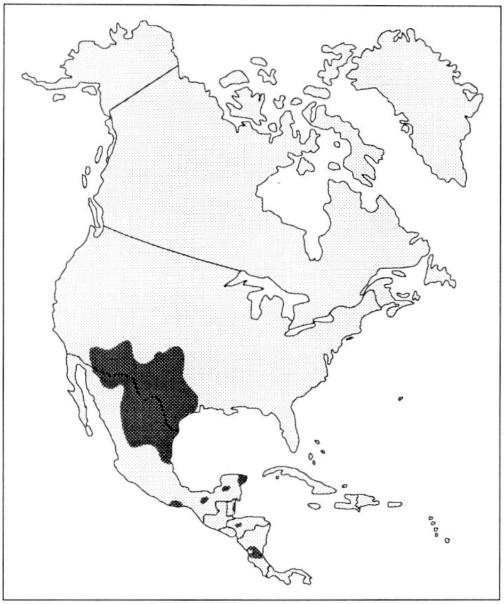

Unterarten:

T. m. marcianus BAIRD & GIRARD, 1853

Englisch: Sonoran Garter Snake; Marcy Garter Snake.

Deutsch: Gefleckte Strumpfbandnatter.

Verbreitung: Südwesten der USA; nördliches Mexiko sowie eine isolierte Population in der Nähe von Tehuantepec, Oaxaca (Mexiko).

Merkmale: 21 Dorsalschuppenreihen, 1 Präocularschild. Schmaler Dorsalstreifen (im Nackenbereich gelblich, später weiß). Paariger dunkler Nackenfleck. Deutliche halbmondförmige Markierung zwischen Mundwinkel und dunklen Nackenflecken. 4. und 6. Oberlippenschild weißlich und heller als die danebenliegenden Schilde.

T. m. bovallii DUNN, 1940

Verbreitung: Nikaragua, Lake Managua und nördliches Costa Rica.

Merkmale: 21 (19) Dorsalschuppenreihen in der Körpermitte. 1 Präocularschild, 3 Postocularschilde, Dorsalstreifen fehlt. Eine Doppelreihe schwarzer Flecken auf jeder Körperseite zeichnet sich deutlich ab, die Flecke berühren sich an den Ecken schachbrettartig, durchdringen die dunkelgrauen Lateralstreifen und ziehen sich bis zu den Ventralia hinab. Die Haut zwischen den Dorsalschuppen ist hellgelb bis orange oder rötlich. Ventralia häufig mit blauschwarzen Flecken versehen.

T. m. praeocularis BOCOURT, 1892

Verbreitung: Quintana Roo, Mexiko; Honduras (Lake Yojoa); Belize.

Merkmale: 19 Dorsalschuppenreihen; 1 (2) Präocularschild. Breiter Dorsalstreifen. Fleckenzeichnung klein, ohne daß die einzelnen Flecke miteinander in Berührung kommen. Lateralstreifen undeutlich. Ventralschilde mit kleinen, runden und schwarzen Punktreihen.

Bemerkung: Eventuell eigenständige Spezies! Die früher als *T. m. ruthveni* bzw. *T. m. nigrolateralis* beschriebenen Unterarten sind nach ROSSMAN (1963, 1971) mit *T. m. marcianus* identisch. Die Unterart *T. m. praeocularis* wird nach Untersuchungen von ROSSMAN (1992, pers. Mitteilung) eventuell den Status einer eigenen, validen Art erhalten. Ebenfalls von ROSSMAN wird die Feststellung getroffen, daß der Taxon »*cerebrosus*« (SMITH 1942) (siehe *T. sumichrasti* und *T. cyrtopsis*!), welcher in der Vergangenheit auch als Subspezies von *T. marcianus* geführt wurde, einen unsicheren Status aufweist.

T. marcianus ist eine häufig in menschlicher Obhut nachgezogene Schlange, die über Generationen gehalten werden und die im Terrarium ein hohes Alter erreichen kann. Allerdings handelt es sich in der Regel um Erfahrungen mit *T. m. marcianus*, andere Subspezies sind im Terrarium äußerst selten!

7.15 *T. (N.) melanogaster* PETERS, 1864

Englisch: Mexican Garter Snake.

Deutsch: Schwarzbauch-Strumpfbandnatter.

Größe: 60 bis 75 cm.

Merkmale: 3 (2) Postocular- und 2 Präocularschilde. 8 Oberlippenschilde (davon 2 in Kontakt mit dem Auge), 19 Dorsalschuppenreihen. Charakteristische schwarze Markierung auf den Ventralia, die sich bei Exemplaren aus den östlichen Teilen des Verbreitungsgebietes als breite, longitudinale Streifenzeichnung präsentiert. Bei

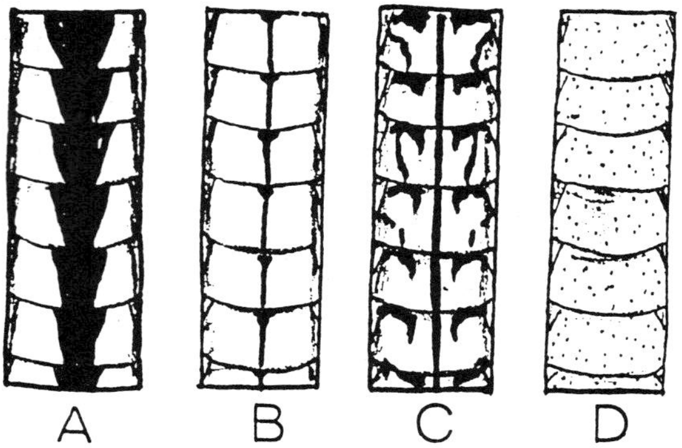

Abb. 78: Verschiedene Muster der Bauchzeichnung bei *T. melanogaster*. A bis C *T. m. canescens* (nach CONANT 1963); D *T. m. chihuahuaensis*.

Tafel 2 (von oben nach unten):

1. Reihe: links: *Thamnophis cyrtopsis ocellatus* (Foto: TRUTNAU)
rechts: *Thamnophis scalaris* (Foto: MINTON)

2. Reihe: links: *Thamnophis elegans vagrans*
rechts: *Thamnophis atratus aquaticus*

3. Reihe: links: *Thamnophis rufipunctatus*
rechts: *Thamnophis eques megalops* (Foto: MINTON)

4. Reihe: links: *Thamnophis godmani*
rechts: *Thamnophis melanogaster canescens*

Tieren aus dem westlichen und nördlichen Gebieten ist dieser Streifen dünner oder nur durch Punkte repräsentiert. Grundfärbung der Ventralia hellbeige bis weißlich. Dorsalschuppenreihen braun bis schwarz oder dunkelolive, zuweilen an den Spitzen tiefschwarz. Dorsalstreifen bei jüngeren Tieren markant, verliert sich im Alter zunehmend. Wenn Dorsalstreifen vorhanden sind, bedecken sie meist nur die vertebrale Schuppenreihe. Helle Lateralstreifen auf der 2. und 3. Dorsalschuppenreihe. Jungschlangen weisen eine abweichende Färbung und Zeichnung im Vergleich zu den adulten Exemplaren auf, sie können wesentlich heller in der Grundfärbung erscheinen, meist findet sich ein fleckiges oder geschecktes Aussehen, die Zeichnung kann äußerst mannigfaltig sein.

Verbreitung: Mexiko (Chihuahua; Chalapa; Guanajuato, Durango; San Luis Potosi)

Lebensweise: Stark aquatil, wird nur sehr selten in größerer Entfernung vom Wasser angetroffen. Sonnt sich gerne auf überhängenden Ästen, um sich bei Gefahr ins Wasser fallen zu lassen. Paarungen im Wasser wurden beobachtet. Hauptnahrung ist Fisch, daneben Amphibien und Invertebraten gefressen.

Die Geburt der Jungschlangen erfolgt von Juni bis August.

Unterarten:

T. (N.) m. melanogaster PETERS, 1864

Verbreitung: Durango; Zacatecas, Michoacan; Distrito Federal; Jalisco (Mexiko).

Merkmale: 2. Oberlippenschild in Kontakt mit dem Nasale. Breite schwarze Streifenzeichnung auf den Ventralia sowie den Subcaudalschilden. Bei Tieren aus dem westlichen und nördlichen Verbreitungsgebiet findet sich eine schmalere Zeichnung der Ventralia.

T. (N.) m. canescens SMITH, 1942 (siehe auch Tafel 2, 4. Reihe rechts)

Verbreitung: Durango; San Luis Potosi; Guanajuato; Jalisco; Michoacan; Nayarit (Mexiko).

Abb. 79 (links): *T. (N.) m. melanogaster*. Foto: STRATHEMANN.

Abb. 80 (unten): Porträt einer *T. melanogaster canescens* (Präparat aus dem Zoologischen Museum Berlin).

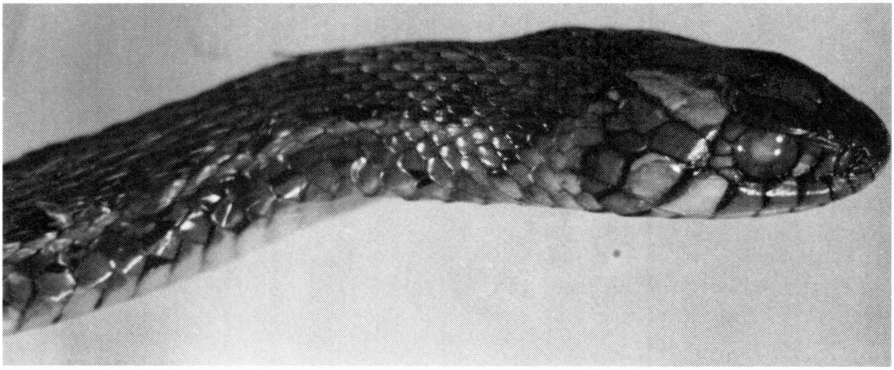

Merkmale: 2. Oberlippenschild häufig in Kontakt mit dem Nasale. Ventralia meist dunkel gefleckt oder mit einer schmalen longitudinalen Streifenzeichnung, die unterbrochen sein kann und häufig nicht auf die Subcaudalschilde übergeht.

T. (N.) m. chihuahuaensis TANNER, 1959

Verbreitung: Chihuahua.

Merkmale: 2. Oberlippenschild in Kontakt mit dem Nasale (bei ca. 50 % der Tiere). Helle, cremefarbene Ventralia ohne dunkle Streifenzeichnung. Die Ventralia heben sich deutlich von den dunkleren Dorsalschuppenreihen ab, mitunter sind sie mit dunklen Pünktchen durchsetzt. Die Lateralstreifen sind sehr fein, auf 2. Dorsalschuppenreihe (auf die 1. und 3. Dorsalschuppenreihe übergreifend).

Bemerkung: Die von SMITH et al. (1948) als *T. m. linearis* beschriebene Unterart ist heute stark umstritten, da bei *T. m. melanogaster* sowie bei *T. m. canescens* Individuen mit deutlichen Dorsalstreifen gefunden wurden. Nach CHIASSON & LOWE (1986) sollte die Art in die Gattung *Nerodia* eingeordnet werden.

Im Terrarium hat sich die Art als haltbar und anspruchslos erwiesen und wurde mehrfach nachgezogen.

7.16 *Thamnophis mendax* WALKER, 1955

Englisch: Tamaulipan Montane Garter Snake.

Deutsch: Mexikanische Berg-Strumpfbandnatter.

Größe: Bis zu 50 cm.

Merkmale: 17 Dorsalschuppenreihen in der Körpermitte. 7 Oberlippenschilde, 1 Präocular- und 2 Postocularschilde. Durchschnittlich 146,3 Ventralschilde (141 – 150) bei den Männchen und 141,3 (138 – 145) bei den weiblichen Tieren. Subcaudalia 64 – 69 bei männlichen, 56 – 60 bei weiblichen Exemplaren. Kopf etwas länger als bei *T. exsul* (5,8 % der Gesamtkörperlänge bei *T. mendax*). Dorsalstreifen fein, oft nur im vorderen Körperdrittel deutlich. Lateralstreifen fehlen. Große, schwarz umrandete, sattelartige, bräunliche Flecke ziehen beiderseits des Dorsalstreifens bis zur 1. Dorsalschuppenreihe und den Ventralia hinunter. Kopf hellbraun, ähnlich der Grundfarbe des Rückens. Im Nacken paarige kommaförmige Flecken. Deutlicher dunkler Strich zieht von den Postocularschilden zum hinteren Ende der Maulspalte.

Verbreitung: Mexiko (Tamaulipas)

Lebensweise: Kommt nur in einem beschränktem Gebiet oberhalb von Gomez Farias, Tamaulipas vor. Ausgesprochenes Hochlandtier (1 050 bis 2 100 m üNN). In humiden Kiefern-Eichen-Mischwäldern und Nebelwäldern der oberen Bergregionen heimisch. Ernährt sich von Salamandern und anderen Amphibien.

Bemerkungen: Es handelt sich um eine hinsichtlich ihrer Lebensweise relativ unbekannte Art. ROSSMAN (1992) betrachtet sie als »sister species« von *T. sumichrasti*.

7.17 *Thamnophis nigronuchalis* THOMPSON, 1957

Englisch: Black-necked Garter Snake.

Deutsch: Schwarznacken-Strumpfbandnatter.

Größe: Mittelgroße Art (bis zu 80 cm).

Merkmale: 21 Dorsalschuppenreihen im vorderen Körperdrittel und der Körpermitte, 149 bis 165 Ventralschilde sowie 63 bis 70 Subcaudalschilde. 8 Oberlippenschilde, 4. und 5. Oberlippenschild stehen breit mit dem Auge in Kontakt. 10 Unterlippenschilde. Dunkler, ungeteilter und median im Nackenbereich angelegter Fleck. Dorsal- und Lateralstreifen fehlen. Mehrere Reihen (5 bis 10) rötlicher, schwarz umrandeter Punkte und Flecke ziehen sich über den Rücken, dessen Grundfärbung oliv bis braun erscheinen kann. Die Ventralia sind dunkel pigmentiert, mitunter ist ein longitudinales Streifenmuster angedeutet.

Verbreitung: Durango (Mexiko).

Lebensweise: Hochlandtiere, die in Höhe von 2 000 bis 3 000 m üNN gefunden werden. Bevorzugt werden feuchte Grasländereien, Weiden oder Gebiete mit lockerem Baumbestand oder Ränder von kleinen Fließgewässern. Kommt oft gemeinsam mit *T. eques* vor, die jedoch wesentlich häufiger zu sein scheint. Die Nahrung besteht größtenteils aus Froschlurchen und Regenwürmern.

Bemerkung: Nachdem THOMPSON (1957) *T. nigronuchalis* als eigene Spezies beschrieben hatte, ordnete TANNER (1985) sie als Subspezies *T. rufipunctatus* unter. Nach neueren Erkenntnissen dürfte es sich jedoch um eine valide Art handeln. Über eine Terrarienhaltung konnten keine Berichte gefunden werden.

7.18 *Thamnophis ordinoides* BAIRD & GIRARD, 1852

Englisch: Northwestern Garter Snake; Black Garter Snake; Pacific Cost Garter Snake; Western Garter Snake; Puget Garter Snake; Red-striped Garter Snake.

Deutsch: Westliche Strumpfbandnatter

Größe: 35 bis 100 cm.

Merkmale: 17 Dorsalschuppenreihen, 7 Oberlippenschilde, 8 oder 9 Unterlippenschilde. Hintere Rinnenschilde annähernd gleiche Größe wie rostrales Paar. Färbung und Zeichnung variieren erheblich, gewöhnlich ist ein deutlicher Dorsalstreifen ausgeprägt (weiß, gelb, orange, rot, bläulich), der jedoch auch fehlen kann, zickzackähnlich begrenzt oder nur im Nackenbereich sichtbar ist. Mehr oder weniger deutliche Lateralstreifen auf der 3. und 4. Dorsalschuppenreihe. Grundfärbung des Rückens variiert zwischen schwarz, braun, oliv bis blaugrau. Auf dem Rücken sind meist mehrere kleine dunkle Punkte oder Flecke. Ventralia gelb, braun oder schwarz, mitunter mit roten Punkten oder Flecken versehen. Melanistische Exemplare sind häufig.

Verbreitung: Äußerster Westen Nordamerikas vom Bella Coola-Gebiet und der Vancouver-Insel in British Columbia (Kanada) bis nach Nordkalifornien, südliches Washington und den Norden Oregons.

Lebensweise: Vom Flachland bis in Höhen von 1 400 m ü NN vorkommende Art. Auch in größerer Entfernung von Gewässern zu finden. Kommt auf Wiesen, Weiden, Ödländereien und Rändern von Gehölze und Wäldern vor.

Ernährt sich von Fröschen u. a. Amphibien, jedoch auch von Würmern, Schnecken und anderen Invertebraten sowie gelegentlich von Fischen.

Frühjahrs- und Herbstpaarungen wurden beobachtet. Die Jungschlangen werden in der Zeit von Juli bis August geboren.

Bemerkung: In Europa gelegentlich im Handel angebotene Art, die im Terrarium relativ trocken zu halten ist und sich als anspruchslos und leicht zu vermehren erwiesen hat (MUTSCHMANN 1992).

7.19 *Thamnophis proximus* SAY, 1829

Englisch: Western Ribbon Snake; Long's Garter Snake; Fairey's Garter Snake; Say's Garter Snake; Plains Ribbon Snake; Red-striped Garter Snake; Riband Snake; Slender Garter Snake; Swift striped Snake.

Deutsch: Westliche Bändernatter, Rotstreifen-Bändernatter

Größe: 50 bis 125 cm, damit eine der längsten Arten der Gattung.

Merkmale: Schlanke, langschwänzige Art, der Schwanz hat einen Anteil an der Gesamtlänge von über 27 %. 17 bis 19 Dorsalschuppenreihen. 1 Präocular- und 3 (4) Postocularschilde. 7 – 8 Oberlippen- und 9 – 11 Unterlippenschilde, 82 bis 131 Subcaudalschilde. Lateralstreifen auf 3. und 4. Dorsalschuppenreihe. Oberlippen- sowie Unterlippenschilde ohne schwarze Markierungen, sich deutlich hell von der ansonsten dunklen Kopfoberseite abhebend. Parietalstriche zusammengeflossen und deutlich. Präoculare meist weißlich. Braune Pigmente der ersten Dorsalschuppenreihe gehen selten auf die hellen Ventralia über. Kein deutlicher, ventrolateral verlaufender, dunkler Streifen (falls vorhanden, nur schwach angedeutet).

Verbreitung: Vom südlichen Wisconsin, Indiana und dem Mississippi-Tal westlich zu den Großen Ebenen und zum südöstlichen Colorado sowie im östlichen Teil New Mexicos. Südlich über das östliche Mexiko bis zum zentralen Costa Rica. Pazifikküste Mexikos. Eventuell nach Peru eingeschleppt.

Lebensweise: Meist in Nähe permanenter bzw. semipermanenter Gewässer zu finden. Kommt in offenen, ariden Habitaten, als auch in dicht bewachsenen Gebieten sowie in Mangrovensümpfen vor. Sowohl im Flachland, als auch im Gebirge (bis 2 400 m ü NN) heimisch. Tag- und nachtaktiv. Hervorragende Kletterer, die sich gerne im überhängenden Gebüsch sonnen und sich bei der geringsten Störung sofort in das Wasser fallen lassen. Ernährt sich hauptsächlich von Anuren, Salamandern und Fischen. Die Tiere halten sich zur Beutesuche auch lange Zeit im Wasser auf. Bis zu 27 Jungschlangen werden im Zeitraum von Juni bis September geboren (nördliche Unterarten!).

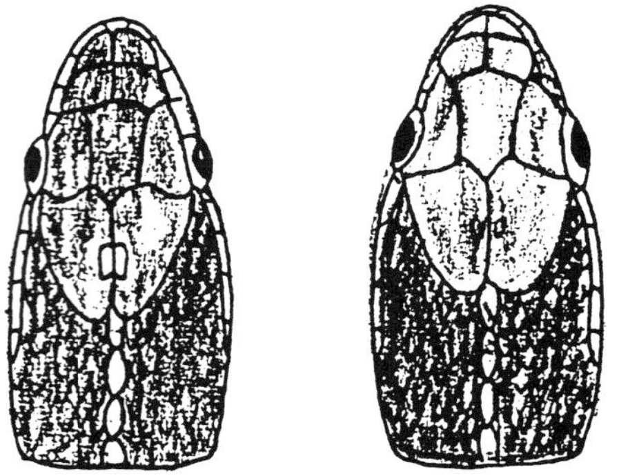

Abb. 81: Vergleichsstudie der Kopfoberseite von *T. proximus* (links) und *T. sauritus* (rechts). Nach ROSSMAN (1963).

Abb. 82 (rechts): Neugeborene *T. proximus*. Die Parietalstriche sind sehr markant.

Abb. 83 (unten): Kopfstudie einer *T. p. proximus*.

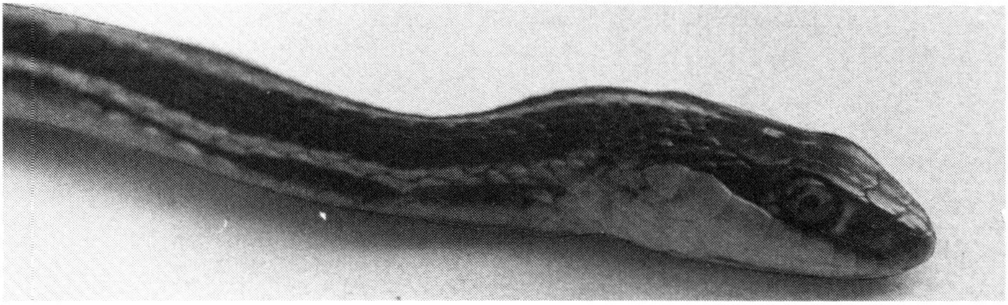

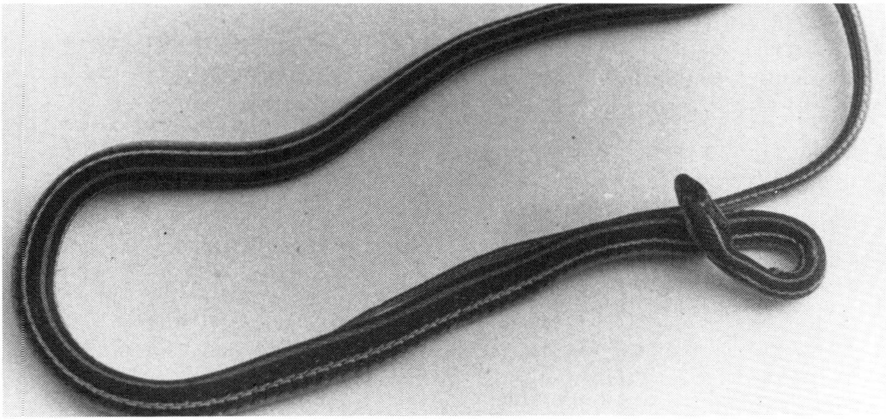

Abb. 84: *T. p. proximus*.

Bemerkung: Galt früher als westliche Unterart von *T. sauritus*.

T. proximus ist gut für die Terrarienhaltung geeignet, benötigt geräumige Terrarien mit größerem Wasserbecken und Kletterästen. In menschlicher Obhut 3 bis 15 Junge je Wurf, wiederholt nachgezogen.

Unterarten:

T. p. proximus **SAY, 1923**

Englisch: Western Ribbon Snake.

Deutsch: Westliche Bändernatter

Verbreitung: Indiana und südliches Wisconsin; östliches Nebraska; nordöstliches Texas und im Mississippi-Tal bis nach Louisiana.

Merkmale: Rücken schwarz, relativ schmaler oranger Dorsalstreifen; ohne dunkle ventrolaterale Linie.

T. p. alpinus **ROSSMAN, 1963**

Verbreitung: Mexiko (Chiapas-Hochland von San Cristobal Las Casas bis Comitan).

Merkmale: Dunkelbrauner Rücken, goldgelber Dorsalstreifen. Schmaler Lateralstreifen. Darunter breiter dunkler Streifen entlang der Ventralschilde und der ersten Dorsalschuppenreihe. Verhältnismäßig kurzer Schwanz.

T. p. diabolicus **ROSSMAN, 1961**

Englisch: Arid Land Ribbon Snake

Verbreitung: Südöstliches Colorado, von Kansas über Texas bis Mexiko (Tamaulipas; Nuevo Leon; Coahuila).

Merkmale: Rücken olivgrau oder olivbraun, oranger Dorsalstreifen. Entlang der Ventralia zum Teil feine dunkle ventrolaterale Streifenzeichnung. Lateralstreifen verlieren sich zuweilen im hinteren Körperdrittel.

T. p. orarius **ROSSMAN, 1963**

Englisch: Gulf Cost Ribbon Snake.

Verbreitung: Entlang der Golfküste im äußersten Süden Mississippis über Texas bis Mexiko (Tamaulipas).

Merkmale: Olivbrauner Rücken, breiter goldgelber Dorsalstreifen. Lateralstreifen zuweilen nur schwach ausgeprägt.

T. p. rubrilineatus **ROSSMAN, 1963**

Englisch: Red-striped Ribbon Snake.

Deutsch: Rotstreifen-Bändernatter.

Verbreitung: Zentrales Texas (Edwards Plateau).

Merkmale: Olivbrauner oder olivgrauer Rücken. Dorsalstreifen hellrot. Mitunter schmale ventrolateral verlaufende dunkle Streifenzeichnung auf Rändern der Ventralia und der ersten Dorsalschuppenreihe.

T. p. rutiloris COPE, 1885

Verbreitung: Äußerster Süden von Tamaulipas (Mexiko), südlich entlang des Küstenstreifens und der Osthänge der Sierra Madre Oriental bis Cartago (Costa Rica).

Merkmale: Olivbrauner Rücken. Breiter, beige–grauer Dorsalstreifen. Ober- und Unterlippenschilde gelborange. Lateralstreifen schmal. Darunter undeutlicher, mehr oder weniger regelmäßig verlaufender, dunkler, ventrolateraler Streifen entlang der Ventralia und der ersten Dorsalschuppenreihe.

7.20 *Thamnophis radix* BAIRD & GIRARD, 1853

Englisch: Plains Garter Snake; Transition Garter Snake.

Deutsch: Prärie–Strumpfbandnatter.

Größe: 45 bis 100 cm.

Merkmale: 7 – 8 Oberlippenschilde und 8 – 9 Unterlippenschilde. 19 bis 21 Dorsalschuppenreihen. Lateralstreifen auf 3. und 4. Dorsalschuppenreihe, gelblich bis bläulich oder hellgrün. Dorsalstreifen deutlich und breit, orange oder hellgelb.

Typische schwarze Barrenzeichnung auf den Oberlippenschilden. Zwischen den Streifen befindet sich eine Doppelreihe dunkler alternierender Flecke. Unterhalb der Lateralstreifen befindet sich ebenfalls eine schwarze Fleckenreihe, die auch an den Rändern der Ventralia angedeutet sein kann. Bei düster gefärbten Tieren kann die Fleckenzeichnung verwischen, so daß eine fast einheitlich schwarze Grundfärbung vorliegt (siehe auch Tafel 1, 2. Reihe rechts).

Lebensweise: Offene Ländereien, Weiden, offene sumpfige Flächen, Gärten und Parks, entlang von Gewässern jeglicher Art. Zuweilen sehr häufig, früher auch in großstädtischen Parkanlagen oder in der Nähe menschlicher Siedlungen, wo sie heute aufgrund intensiver Bewirtschaftung (Bebauung, Pestizideinsatz usw.) vielfach nicht mehr vorkommt. Relativ anpassungsfähige Art mit breitem Nahrungsspektrum. Paarungen im April bis Mai, die Jungen werden von Ende Juni bis September geboren. Wurfgrößen mit über 60 Jungen wurden bekannt.

Bemerkung: Sehr gut für die Terrarienhaltung geeignet, über Generationen nachgezüchtet und häufig im Handel erhältlich.

Nach neuesten und bislang noch nicht in der Literatur veröffentlichten Untersuchungen einer Arbeitsgruppe um J. LYNCH ist die Unterteilung in Subspezies nicht gerechtfertigt (ROSSMAN, pers. Mitteilung). Im folgenden sollen jedoch beide Unterarten nochmals abgehandelt werden, da im Handel häufig mit diesen Bezeichnungen gearbeitet wird.

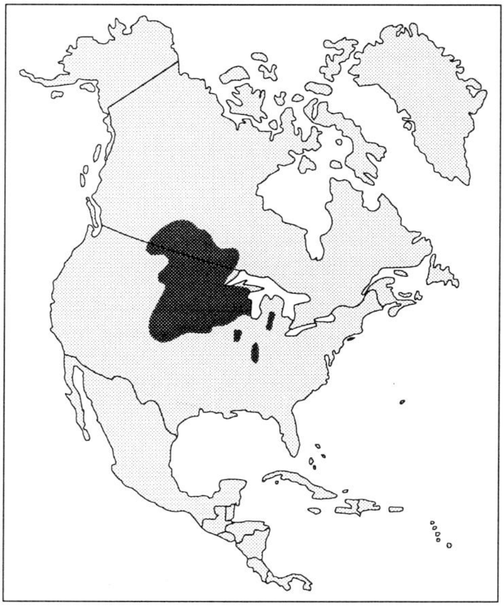

Verbreitung: Nördliches und zentrales Ohio; nordwestliches Indiana bis zu den Rocky Mountains (USA); von Alberta (Kanada) bis zum nördlichen New Mexiko (USA).

Unterarten:

T. r. radix BAIRD & GIRARD, 1853

Englisch: Eastern Plains Garter Snake.

Verbreitung: Iowa und Wisconsin; zentrales Illinois bis nordöstliches Missouri. Isolierte Populationen im Süden Missouris.

Merkmale: 19 Dorsalschuppenreihen und meist weniger als 155 Ventralia.

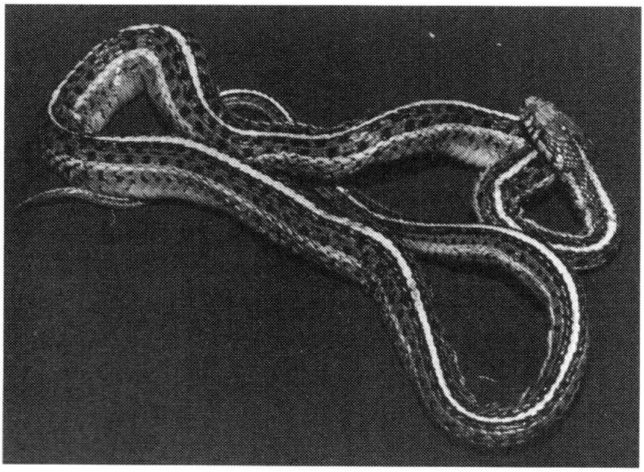

Abb. 85: Alkoholpräparat einer *T. radix* (Zoologisches Museum Berlin).

T. r. haydenii KENNICOTT, 1860

Englisch: Western Plains Garter Snake.

Verbreitung: Minnesota, Iowa und nordwestliches Missouri bis zu den Rocky Mountains. Prärien und Ebenen im südlichen Kanada bis nach New Mexico und Kansas; nordwestliches Arkansas.

Merkmale: 21 Dorsalschuppenreihen, in der Regel mehr als 155 Ventralia. Dunkle Flecken an den Körperseiten etwas kleiner als bei T. r. radix.

7.21 *Thamnophis (N.) rufipunctatus* COPE, 1975

Englisch: Narrow-headed Garter Snake; Long-nosed Garter Snake; Brown-spotted Garter Snake; Red-spotted Garter Snake, Mexican Highland Garter Snake; Red-spotted Chilopoma.

Deutsch: Braunflecken-Strumpfbandnatter.

Größe: 45 bis 86 cm.

Merkmale: Kopf langgezogen und schmal erscheinend, wirkt seitlich abgeplattet. Stumpfes Rostrum. 8 Oberlippenschilde, 2 (3) Präocular- und 3 Postocularschilde. 19 bis 21 Dorsalschuppenreihen, Analschild mitunter geteilt. Grundfärbung oliv, gelblich bis grau-braun mit je drei Reihen deutlich abgesetzter dunkler Flecke (braun, rot oder schwarz) auf jeder Körperseite, die sich zum Schwanz hin verlieren. Streifenzeichnung meist undeutlich oder nur im Nackenbereich vorliegend. Kehlgegend hellgelb bis grau, Ventralia ebenfalls hell (siehe auch Tafel 2, 3. Reihe links).

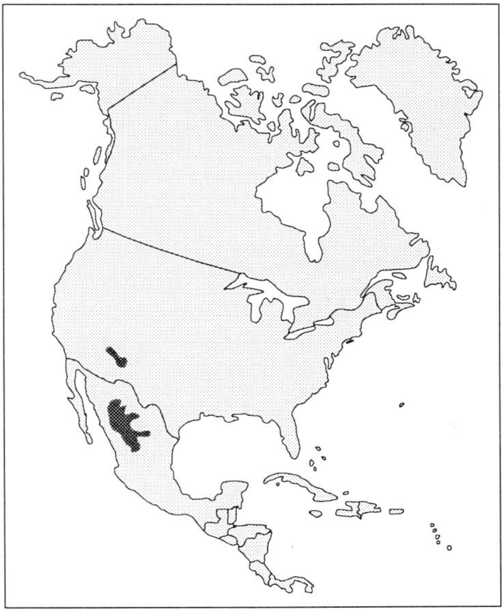

Verbreitung: Gebirgsregionen in Arizona und im südwestlichen New Mexico; südlich über die Sierra Madre Occidental bis ins zentrale Durango (Mexiko).

Lebensweise: Typische Hochlandform, die am Rande von Gehölzen und Wäldern in der Nähe von klaren, schnellfließenden Wasserläufen zu finden ist. Liebt helle, gut von der Sonne beschienene Plätze und zeigt eine stark aquatile Lebensweise (wird nie in größeren Entfernungen vom Wasser gefunden). Bei Gefahr taucht sie im Wasser ab und versteckt sich am Grund unter geeigneten Gegenständen. Sehr scheue Art. Ernährt sich von Fischen, Kaulquappen, Fröschen oder Salamandern. Die Jungen werden in der Zeit von Juni bis August geboren. Jungschlangen sind oft deutlich heller als Eltern gefärbt und zeigen cremefarbene Unterseiten.

Bemerkungen: Die Art zeigt sehr ursprüngliche Merkmale, die eine enge Verwandtschaft zu *Nerodia*-Arten impliziert. Mitunter wurde sie deshalb auch dieser

Gattung zugeordnet. TANNER (1985) hat nach umfangreichen Studien 3 Unterarten unterschieden und die Spezies dem Genus *Thamnophis* zugeordnet, wobei er jedoch darauf verweist, daß die Art ein Bindeglied zwischen beiden Gattungen darstellt. CHIASSON & LOWE (1989) plädieren wiederum für die Zuordnung der Art zu *Nerodia*. Die ursprünglich als *T. angustirostris* KENNICOTT, 1860 angesprochenen Tiere wurde verschiedentlich zu *T. rufipunctatus* gezählt, THOMPSON (1957) hielt den Taxon für ein Synonym von *T. marcianus*, während ROSSMAN (pers. Mitteilung) »*angustrirostris*« als nomen dubium ansieht. Der Status der von TANNER (1985) aufgestellten Unterart *T. r. unilabialis* wird von ROSSMAN (1993, im Druck) angezweifelt, während er *T. r. nigronuchalis* als eigene Art betrachtet. Basierend auf diese neuesten Ergebnisse stellt sich *T. rufipunctatus* als monotypische Spezies dar.

Sehr selten im Terrarium gehalten.

Abb. 86: Lebensraum von *T. rufipunctatus.*

7.22 *Thamnophis sauritus* LINNAEUS, 1766

Englisch: Eastern Ribbon Snake; North American Ribbon Snake; Slender Garter Snake; Saurite Snake; Slim Garter Snake; Spotted Ribbon Snake; Striped Water Snake; Swift Garter Snake; Swift streaked Garter Snake; Water Garter Snake; Yellow-headed Garter Snake.

Deutsch: Östliche Bändernatter

Größe: 50 bis 100 cm.

Merkmale: Schlanke und sehr agile Art mit langem Schwanz. 19 Dorsalschuppenreihen, 7 (8) Oberlippenschilde, 94 bis 136 Subcaudalschilde. Lateralstreifen auf 3. und 4. Dorsalschuppenreihe (zuweilen auf 2. Dorsalschuppenreihe übergreifend). Strichzeichnung auf den Parietalschilden fehlt gewöhnlich, bei einigen Tieren (besonders bei Jungtieren) ist sie schwach vorhanden, ohne daß sie zur Fusion tendiert. Breiter ventrolateraler dunkler Streifen entlang der Ventralia und der ersten Dorsalschuppenreihe.

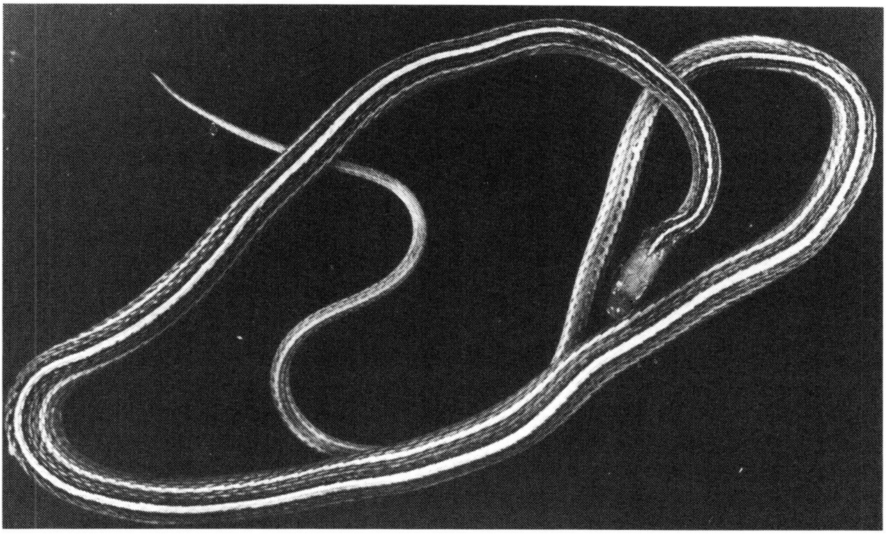

Abb. 87: *T. s. sauritus.*

Dorsalstreifen bei Tieren aus Florida oft nur undeutlich oder fehlend, bei anderen Tieren markant und durch eine schmale schwarze Umrandung eingefaßt.

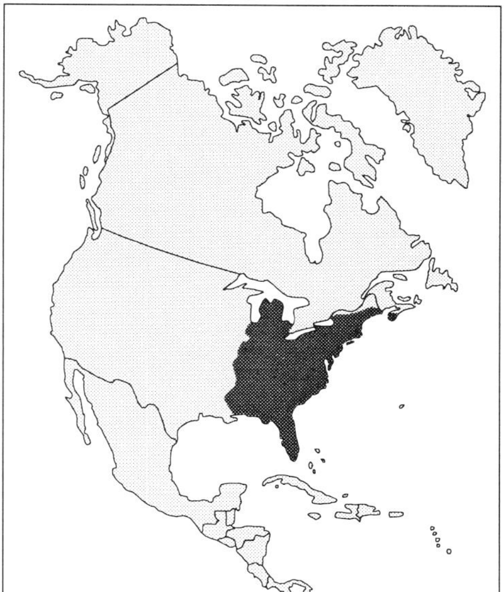

Verbreitung: Vom südlichen Ontario und Maine südwärts über das Gebiet östlich des Mississippi bis nach Florida und in die Nähe des Lake Pouchartrain in Louisiana. Isolierte Vorkommen im zentralen Neuschottland und im nördlichen Wisconsin. In manchen Gebieten selten.

Lebensweise: Semiaquatil, hält sich in unterschiedlichen Habitaten auf, jedoch nie weit vom Wasser entfernt anzutreffen. Klettert gerne und sonnt sich im Gebüsch bzw. auf Ästen, die über der Wasseroberfläche hängen. Flüchtet bei Gefahr blitzschnell ins Wasser, taucht jedoch nicht ab, sondern bewegt sich sehr schnell schwimmend vorwärts.

Ernährt sich in der Hauptsache von Fischen und Amphibien bzw. deren Entwicklungsstadien.

Bemerkung: Gut für die Terrarienhaltung geeignet, mehrfach nachgezogen und im Handel häufig angeboten. Ähnliche Ansprüche wie *T. proximus*. Anfangs sind Wildfänge etwas heikel (neigen zur Futterverweigerung), sie gewöhnen sich jedoch rasch ein.

Unterarten:

T. s. sauritus LINNAEUS, 1766

Englisch: Eastern Ribbon Snake.

Deutsch: Östliche Bändernatter.

Verbreitung: Südliches New England, östliches New York, New Jersey und östliches Pennsylvanien südwärts bis zum Mississippi und der Nordgrenze des Lake Ponchartrain (Louisiana) im Westen und Georgia und dem nordwestlichen Florida im Osten. Nach Südkarolina eingeschleppt.

Merkmale: 7 Oberlippenschilde, rotbrauner Rücken mit goldgelbem Dorsalstreifen. Lateralstreifen im vorderen Körperdrittel nur selten verbreitert. Sehr lang erscheinender Schwanz (33 – 34 % der Gesamtkörperlänge einnehmend).

T. s. nitae ROSSMAN, 1963

Englisch: Blue-striped Ribbon Snake.

Deutsch: Blaugestreifte Bändernatter.

Verbreitung: Küstenstreifen im nordwestlichen Florida (vom Withlacoochee River im Süden bis zum Wakulla County).

Merkmale: 8 Oberlippenschilde. Der Rücken ist samtig dunkelbraun bis schwarz, ein Dorsalstreifen oft nicht vorhanden. Die Lateralstreifen sind hellblau bis weißblau gefärbt.

T. s. sackenii KENNICOTT, 1859

Englisch: Peninsula Ribbon Snake.

Deutsch: Florida-Bändernatter.

Verbreitung: Südkarolina und Südosten Georgias sowie die gesamte Floridahalbinsel.

Merkmale: 8 Oberlippenschilde. Dunkelgelber bis brauner Rücken mit bräunlichem bis ockerfarbenem Dorsalstreifen, der mitunter metallisch glänzt. Schmaler Lateralstreifen, weiß oder hellgelb gefärbt.

T. s. septentrionalis ROSSMAN, 1963

Englisch: Northern Ribbon Snake.

Deutsch: Nördliche Bändernatter.

Verbreitung: Neuschottland; Maine; zentrales New Hampshire; westwärts über das südliche Ontario und das westliche New York bis zum zentralen Indiana und dem äußersten Norden Michigans. Isolierte Vorkommen in Wisconsin.

Merkmale: 7 Oberlippenschilde. Samtartig erscheinende dunkelbraune bis schwarze Grundfärbung des Rückens. Gelber Dorsalstreifen, der häufig mit braunen Pigmenten durchsetzt ist. Lateralstreifen im vorderen Körperdrittel verbreitert und auf die 2. Dorsalschuppenreihe übergreifend. Relativ kurzer Schwanz (meist weniger als 33 % der Gesamtkörperlänge).

7.23 *Thamnophis scalaris* COPE, 1860

Englisch: Mexican Garter Snake, Highland Garter Snake.

Deutsch: Treppen-Strumpfbandnatter.

Größe: Bis zu 50 cm.

Merkmale: 19 Dorsalschuppenreihen im Bereiche der Körpermitte, 15 (selten 16 – 17) kurz vor der Kloake. 134 bis 145 Ventralschilde bei männlichen Tieren, 136 bis 145 bei weiblichen. Bis zu 77 (69 – 77) Subcaudalschilde bei männlichen und 53 – 65 bei weiblichen Exemplaren. 1 Präocular- und 3 Postocularschilde, 7 (selten 8) Oberlippenschilde und kleines Loreale.

Grundfärbung der Dorsalschuppenreihen graubraun oder graugelb bis dunkelbraun, 1. Dorsalschuppenreihe generell heller. Dorsalstreifen deutlich, gelb bis orange gefärbt und auf die vertebrale Schuppenreihe begrenzt. Lateralstreifen auf 2. und 3. Dorsalschuppenreihe, zuweilen undeutlich. Markante, vom Dorsalstreifen unterbrochene Nackenflecke. Charakteristische Einzelreihe dunkelbrauner rechteckiger bis sattelartiger Flecke bzw. breiter transverser Barren, die dunkel umrandet

Abb. 88: Beschilderung der Kopfunterseite bei *T. scalaris*. Beachte Form und Größe der Inframaxillarschilde!

sind auf jeder Körperseite. Kopfoberseite braun mit gelber Strichzeichnung auf den Parietalschilden. Helle Streifen hinter dem Auge und im Nacken, setzen sich von der Färbung der Kopfoberseite ab, die sich bis zu den oberen Rändern der Oberlippenschilde hinabzieht (siehe auch Tafel 2, 1. Reihe rechts).

Verbreitung: Das mexikanische Hochlandplateau (Veracruz, Orizaba, Puebla, Hidalgo, Morelos, Mexico City).

Lebensweise: Typische Hochlandform, die die alpinen Nadelwälder bevorzugt und bis in Höhen von mehr als 4 000 m üNN vorkommt. Die Lebensweise ist jedoch noch relativ unbekannt.

Bemerkung: Zuweilen im Terrarium gehalten, reagiert sehr anfällig auf zu feuchte Haltungsbedingungen!

Basierend auf Untersuchungen von ROSSMAN & LARA-GONGORA (Vortrag anläßlich des Herpetologen-Meetings an der Universität von Pennsylvania, 1991) sind die bislang als Subspezies geführten Taxa »*godmani*« und »*scaliger*« als valide Arten anzusehen. ROSSMAN (1992) diskutiert bei *T. scalaris* 2 Morphotypen als sogenannte »short- bzw. long-tailed morphs«.

Abb. 89: *T. scalaris* (Präparat aus dem Zoologischen Museum Berlin).

7.24 Thamnophis scaliger JAN, 1863

Englisch: Mexican Highland Garter Snake.

Deutsch: Hochland-Strumpfbandnatter.

G r ö ß e : Ca. 50 cm.

M e r k m a l e : 19 Dorsalschuppenreihen in der Körpermitte, 17 im Bereich der Kloake. Bei männlichen Tieren etwa 135 bis 152 Ventralschilde, bei weibl. 135 bis 150. Bis zu 75 Subcaudalschilde bei Männchen und etwa 47 bis 65 bei den Weibchen. 7 (8) Oberlippen- und gewöhnlich 9 – 10 Unterlippenschilde.

1 Präocularschild und 2 – 3 Postocularschilde. In der Regel findet sich je Körperseite 1 (selten 2) Reihe dunkler, fast quadratischer Flecken, die im Vergleich zu T. scalaris größer erscheinen. Die Kopfzeichnung entspricht der von *T. scalaris*.

V e r b r e i t u n g : Zentrales Mexiko (Distrito Federal; Puebla; Michoacan).

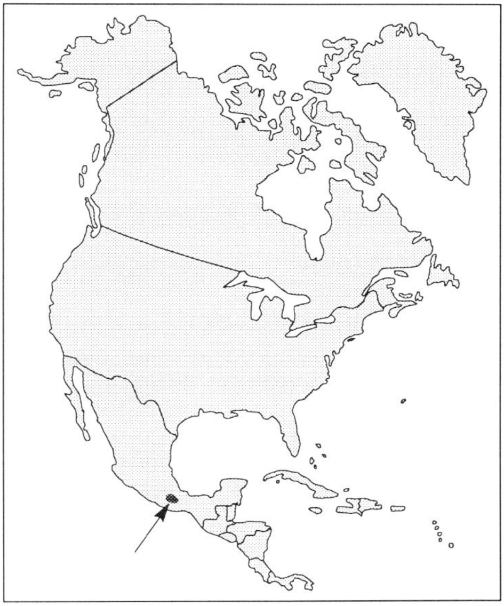

Abb. 90: *T. scaliger* (Zoologischen Museum Berlin).

L e b e n s w e i s e : Siehe *T. scalaris*!

B e m e r k u n g : Der Status ist derzeit relativ ungewiß. Die Art wurde in der Vergangenheit als Unterart von *T. scalaris* betrachtet. Zu dieser Problematik bemerkt ROSSMAN (1992): »Another study (ROSSMAN & LARA GONGORA, in progress) has revealed that while past characterizations of *T. s. scalaris* and *T. s. scaliger* are based on untenable characteristics and these taxa can no longer be recognized as valid subspecies ...«.

Durch ROSSMAN & LARA GONGORA (Diskussion auf dem Herpetologen-Meeting an der Pennsylvania State University, 1991) wurde *T. scaliger* der Status einer validen Art zuerkannt (bislang nicht als Text veröffentlicht).

7.25 *Thamnophis sirtalis* LINNAEUS, 1758

Englisch: Common Garter Snake; North American Garter Snake; Ordinary Garter Snake; Sirtal Snake; Spotted Snake; Streaked Snake; Striped Grass Snake; Swamp Garter; Striped Adder.

Deutsch: Gemeine Strumpfbandnatter.

Größe: 40 bis 70 cm, in Ausnahmefällen bis zu 135 cm.

Merkmale: Kopf schwach vom Rumpf abgesetzt. Relativ groß erscheinende Augen. 7 Oberlippen- und 10 Unterlippenschilde. 19 bis 21 Dorsalschuppenreihen in der Körpermitte, 137 – 167 Ventralia, bis zu 54 Subcaudalschilde bei weiblichen und bis zu 84 bei männlichen Tieren. Gewöhnlich 1 Prae- und 3 Postocularschilde. Zeichnung und Färbung äußerst variabel, Dorsal- und Lateralstreifen bei den meisten Formen deutlich, Lateralstreifen auf 2. und 3. Dorsalschuppenreihe. Der Dorsalstreifen ist breit. Neben und zwischen den Streifen sowie auf den Hautflächen zwischen den Dorsalschuppen mehr oder weniger große und deutliche dunkle Fleckzeichnung, meist in zwei alternierenden Reihen angeordnet. Ventralia heller als Dorsalschuppenreihen, mitunter am Rande oder an der Basis der Schilde dunkel pigmentiert. Die Hautareale zwischen den Dorsalschuppenreihen sind häufig kontrastreich von diesen abgesetzt.

Verbreitung: Die am weitesten verbreitete und stellenweise häufigste Schlange Nordamerikas, die als einziges Reptil im Norden bis über den 60. Breitengrad vordringt. Belebt weite Gebiete Nordamerikas vom Atlantik bis zum Pazifik, vom 60. Grad nördlicher Breite in Saskatchewan und Alberta (Kanada) südlich bis zur texanischen Küstenregion und dem Grenzgebiet zwischen den USA und Mexiko. Isolierte Populationen im nördlichen Mexiko.

Lebensweise: Sehr agile, tag- und nachtaktive Schlange, die die unterschiedlichsten Habitate besiedelt. Mehrere Unterarten gelten als

Abb. 91: Kopfunterseite einer *T. sirtalis*. Beachte die stark vergrößerten hinteren Inframaxillarschilde.

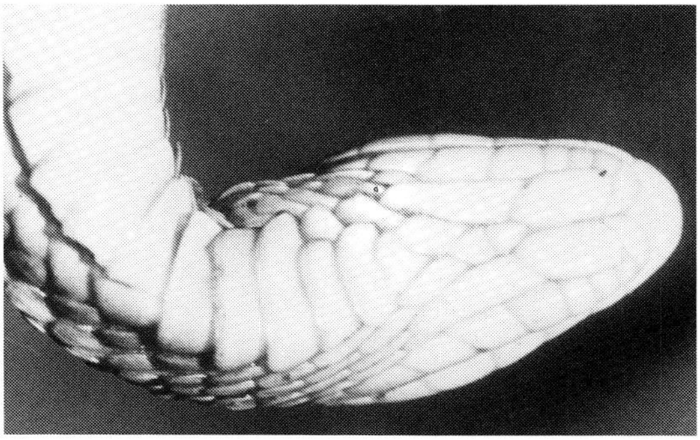

Kulturfolger. Gilt als ausgesprochener »Generalist« in der Gattung. Bevorzugt werden feuchte Habitate, Flußufer, Sümpfe, Weiden, Plantagen, Parks, Ödländereien usw. als Aufenthaltsorte genutzt, die Art wird aber auch häufig fernab von Gewässern gefunden. Nördliche Unterarten unternehmen größere Wanderungen zu den Winterquartieren. Flüchtet bei Gefahr sowohl ins Wasser, als auch an Land. Paarung im Frühjahr (März bis Ende April), gelegentlich im Herbst. Relativ hohe Wurfgröße (bis zu 90 Jungschlangen) bei nördlichen Unterarten. Bezüglich der Ernährung sehr anpassungsfähig, jagt in der Hauptsache Fische, Lurche oder Würmer und Schnecken, gelegentlich auch Vögel, Nager oder andere Reptilien (einschließlich Schlangen).

Bemerkung: Sehr häufig im Fachhandel angebotene Art, die sich für die Terrarienhaltung vorzüglich eignet und regelmäßig zur Nachzucht gebracht wird. Die meisten Unterarten lassen sich unter mitteleuropäischen Klimabedingungen ganzjährig in Freianlagen halten.

Unterarten:

T. s. sirtalis LINNAEUS, 1758 (siehe Titelfoto)

Englisch: Eastern Garter Snake; Common Garter Snake; Ordinary Garter Snake; Slow garter; Yellow snake; Spotted Garter Snake.

Deutsch: Gewöhnliche oder Östliche Strumpfbandnatter.

Verbreitung: Südliches Kanada bis zum Golf von Mexiko, von der Atlantikküste nach Westen bis nach Minnesota und östliches Texas, Florida.

Merkmale: Extrem variabel in Zeichnung und Färbung. Grundfärbung schwarz, braun, grau oder oliv, Streifenmuster meist deutlich, bei einigen Tieren aber auch undeutlich. Lateralstreifen auf Reihe 2 und 3; Streifen normalerweise gelblich, zuweilen bräunlich, grünlich oder bläulich. Gewöhnlich eine Doppelreihe alternierender dunkler Flecke zwischen den Dorsal- und Lateralstreifen, die mehr oder weniger prominent hervortreten. Ventralia hellgelb bis grünlich, gelegentlich lassen sich undeutliche dunkle Punkte an der Basis der Ventralia nachweisen.

Abb. 92: Jungtier von *T. s. sirtalis.*

Häufig werden melanistische Exemplare (vor allem im Gebiet rings um den Erie-See) gefunden.

T. s. annectens BROWN, 1950 (siehe auch Tafel 1, 1. Reihe rechts)

Englisch: Texas Garter Snake.

Deutsch: Texanische Strumpfbandnatter.

Verbreitung: Die Unterart kommt im östlichen und zentralen Texas, sowie in isolierten Populationen im südwestlichen Kansas und dem nordwestlichem Texas (»Texas Panhandle«) vor.

Merkmale: Breiter oranger Dorsalstreifen als Charakteristikum. Die Lateralstreifen bedecken im vorderen Körperdrittel die 3. Dorsalschuppenreihe und greifen auf Reihe 2 und 4 über.

T. s. concinnus HALLOWELL, 1852

Englisch: Northwestern Garter Snake; Pacific Red-barred Garter Snake; Pacific Garter Snake; One-striped Garter Snake.

Verbreitung: Nordwestliches Oregon; Willamette-Gebiet, Washington. Vom Flachland bis in Höhe von 1 600 m üNN vorkommend.

Merkmale: Kopfoberseite und Teile der Oberlippen- bzw. Unterlippenschilde kräftig rot gefärbt. Dorsalschuppen schwarz, dazwischen rote Punkt- und Fleckenzeichnung, die sich markant abhebt. Dorsalstreifen relativ schmal und hellgelb bis weiß gefärbt. Lateralstreifen unregelmäßig und schmal, mit dunklen Punkten begrenzt, mitunter nur angedeutet oder fehlend. Ventralschilde unregelmäßig

Abb. 93: *T. sirtalis concinnus.* Die Kopfoberseite dieser Unterart ist zum Teil kräftig rot gefärbt.

dunkel pigmentiert, teilweise mit schwarzen Rändern und Flecken, ansonsten bläulich.

T. s. dorsalis BAIRD & GIRARD, 1853

Englisch: New Mexico Garter Snake.

Verbreitung: Rio Grande–Tal vom äußersten Süden Colorados bis nach Texas (El Paso), eventuell isolierte Populationen in Chihuahua, Mexiko).

Merkmale: Ähnliche Zeichnung wie *T. s. parietalis*, jedoch ist die rote Fleckenzeichnung kleiner und im wesentlichen auf die Hautareale zwischen den Dorsalschuppen begrenzt, mitunter auch gänzlich fehlend. Deutliche Streifenzeichnung, Lateralstreifen auf 2. und 3. Dorsalschuppenreihe. Dorsalstreifen mit schmalen schwarzen Streifen umsäumt. Ventralia bläulich bis braun, ohne schwarze Pigmentierung oder Umrandung, gelegentlich am Übergang zu den Dorsalschuppenreihen dunkler pigmentiert.

T. s. fitchi FOX, 1951

Englisch: Red-barred Garter Snake; California Garter Snake; Cascade Garter Snake; Northwestern Garter Snake; Pacific Garter Snake.

Verbreitung: Kalifornien von der Küste bis zu den Sierras, nordwestliches Oregon; Östliches Oregon und Washington bis nach Idaho und westliches Montana sowie British Columbia. Kommt bis in Höhe von 2 000 m üNN vor.

Merkmale: Große Ähnlichkeit mit *T. s. concinnus* und *T. s. parietalis*. Kopfoberseite schwarz oder grau. Dorsalstreifen gelb bis zitronenfarben oder hellorange, Lateralstreifen deutlich auf 2. oder 3. Dorsalschuppenreihe und hellgelb. Kleine rote Flecken über den Lateralstreifen, die sich zwischen den Schuppen bis etwa auf Höhe der 5. Dorsalschuppenreihe hinziehen und mehr oder weniger auf die Schuppen übergreifen. Nur kleine schwache schwarze Punkte an den Ecken der Ventralschilde. Grundfärbung des Rückens schokoladenbraun bis schwarz, in manchen Regionen auch schiefergrau.

T. s. infernalis BLAINVILLE, 1853 (siehe auch Tafel 1, 3. Reihe rechts)

Englisch: California Red-sided Garter Snake, One-striped Garter Snake; San Francisco Garter Snake.

Verbreitung: Kalifornischer Küstenstreifen vom Humboldt-County bis nach San Diego.

Merkmale: Sehr dunkel erscheinende Dorsalschuppen, grünlich- bis hellgelber und breiter Dorsalstreifen. Lateralstreifen auf 2. und 3. Dorsalschuppenreihe, mitunter mit dunklen Pigmenten durchsetzt oder unterbrochen. Rote Barrenzeichnung über den Lateralstreifen (ähnlich *T. s. parietalis*), die jedoch auch nur die Zwischenschuppenräume ausfüllen kann und sich teilweise bis zu dem Dorsalstreifen hinaufzieht. Ventralia hell, dunkle Pigmentierung nur im vorderen Körperdrittel markant und deutlich kleiner als bei *T. s. parietalis*. Lateralstreifen durch schwärzlichen dunklen Streifen auf der ersten Dorsalschuppenreihe abgegrenzt. Kopfoberseite, Oberlippenschilde sowie Teile der Unterlippenschilde kräftig rot.

Abb. 94: *T. sirtalis infernalis*, ebenfalls eine, durch die Rotfärbung der Kopfoberseite, gekennzeichnete Unterart.

Bemerkung: Tiere vom westlichen Teil der San Francisco-Halbinsel (San Francisco-County bis zum Crystal Lake bzw. bis zum San Mateo County) wurden bislang als eigene Subspezies behandelt (*T. s. tetrataenia*), sind nach neuesten Erkenntnissen aber *T. s. infernalis* zuzuordnen. Diese Exemplare besitzen einen durch eine breite schwarze Linie eingesäumten Dorsalstreifen. Entlang dieser schwarzen Linie folgt auf jeder Körperseite ein breiter roter Streifen, dem wiederum ein schwarzer folgt. Die Bauchseite dieser Tiere ist bläulich bis weiß.

T. s. lowei TANNER, 1988

Englisch: Chihuahua Garter Snake.

Verbreitung: Vereinzelte Populationen im westlichen Teil des zentralen Chihuahua (Mexiko).

Merkmale: Bis zu 21 Dorsalschuppenreihen. Deutliche Streifenzeichnung, Ähnlich *T. s. parietalis* und *T. s. dorsalis*. Dorsalstreifen cremefarben und breit, von schmalen schwarzen Längsstreifen umsäumt. Zwischen Dorsal- und Lateralstreifen große dunkle Flecke, dazwischen rote bis pinkfarbene Schuppen oder Hautbezirke. Seitenstreifen generell heller als der Rückenstreifen, auf 2. und 3. Dorsalschuppenreihe verlaufend. Ventralschilde grau und ohne dunkle Markierung, lediglich am Übergang zur 1. Dorsalschuppenreihe eventuell etwas dunkler pigmentiert. Kopfoberseite dunkeloliv bis braun.

T. s. pallidulus ALLEN, 1899

Englisch: Quebec Garter Snake; Spotted Garter Snake.

Verbreitung: Quebec, Kanadische Atlantikprovinzen und angrenzende Gebiete New Englands (USA).

Merkmale: Dorsalstreifen meist undeutlich, wenn vorhanden relativ schmal und weiß bis grau. Zwei Reihen großer dunkler Flecke auf jeder Körperseite. Grundfärbung der Dorsalschuppen braun, dunkelgrau bis oliv.

T. s. parietalis SAY, 1823

Englisch: Red-sided Garter Snake; Green-striped Garter Snake; Parietal Garter Snake; Red Garter Snake; Say's Garter Snake; Western Garter Snake; Rocky Mountain Garter Snake; Prairie Garter Snake.

Deutsch: Rotseitige oder Rotgefleckte Strumpfbandnatter.

Verbreitung: Zentrales bis südöstliches British Columbia, Alberta und angrenzendes McKenzie. Zentrales Saskatchewan, Manitoba südlich über die Große Ebene bis zur Grenze Texas/Oklahoma.

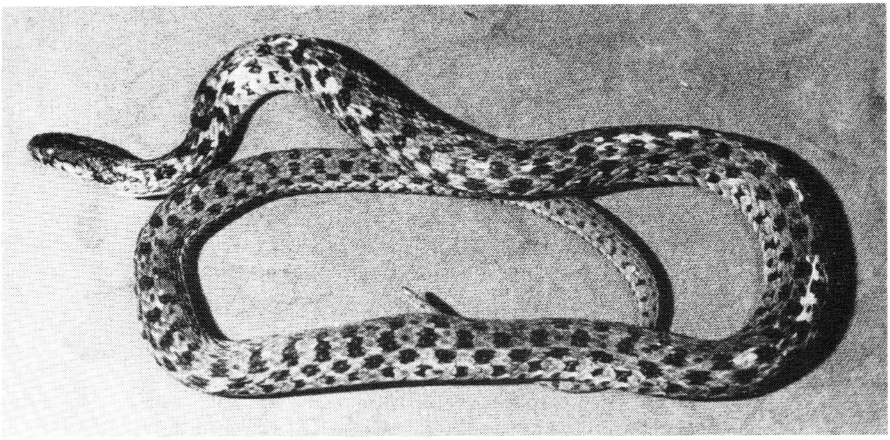

Abb. 95 (oben): *T. sirtalis pallidulus*. Dieser, im nordöstlichen Verbreitungsgebiet vorkommenden Subspezies, fehlt gewöhnlich die Streifenzeichnung. (Präparat aus dem Zoologischen Museum Berlin).

Abb. 96 (links): Unterseite des in Abb. 95 dargestellten Tieres (*T. s. pallidulus*).

Merkmale: Dorsalschuppenreihen dunkelbraun bis schwarz oder düsteres Grau. Dorsalstreifen breit, kräftig gelb bis grünlichgelb, mitunter düsteres Gelb. Lateralstreifen heller und auf 2. und 3. Dorsalschuppenreihe. Zwischen den Lateral- und Dorsalstreifen befindet sich eine Reihe von größeren, kräftig roten Flecken oder Tupfen. Die Haut zwischen den Dorsalschuppenreihen ist ebenfalls rot gefärbt. Rote Färbung schwankt zwischen dunkel- bis karminrot, mitunter auch kräftige orange, sie reicht bis in Höhe der 7. – 9. Dorsalschuppenreihe. Ventralia teilweise dunkel umrandet oder mit randständigen schwarzen Flecken. Erste Dorsalschuppenreihe dunkel und nicht in Lateralstreifen einbezogen. Die rote Zeichnung nimmt im westlichen Verbreitungsgebiet ab.

T. s. pickeringii BAIRD & GIRARD, 1853

Englisch: Pickering's Garter Snake; Nisqually Garter Snake; Northwestern Garter Snake.

Abb. 97: Ein »Mating ball« von *T. s. parietalis* im Gesträuch (Manitoba/Kanada). Foto: BRUEMMER.

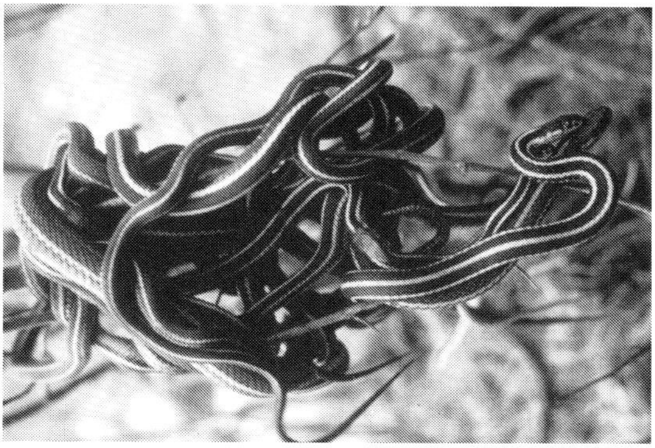

Verbreitung: Vancouver-Insel, Washington und südwestliches British Columbia (Kanada). Bis zu 1 500 m üNN

Merkmale: Kopfoberseite düster braun oder schwarz, Temporal- und Rostralschilde etwas heller. Dorsalschuppenreihen fast schwarz, dazwischen kleine rote Flecke oder Punkte auf den Hautpartien. Dorsalstreifen schmal und auf die Vertebralreihe begrenzt, unregelmäßig seitlich von den Dorsalschuppenreihen abgesetzt (zuweilen zickzackartig). Lateralstreifen hellgelb bis weißlich, Ventralschilde mit deutlichen schwarzen Flecken, Punkten und Rändern. Oberlippenschilde am Hinterrand deutlich schwarz umrandet.

T. s. semifasciata COPE, 1892

Englisch: Chicago Garter Snake.

Deutsch: Chicago-Strumpfbandnatter.

Verbreitung: Nordöstliches Illinois und schmales Gebiet im angrenzenden Indiana und Wisconsin.

Merkmale: Sehr ähnlich *T. s. sirtalis*. Im vorderen Körperdrittel unterbrechen dunkle Flecke oder Bänder die Lateralstreifen. Bei einigen Tieren ist der Dorsalstreifen im Nackenbereich ebenfalls durch dunkle Querstriche oder -bänder unterbrochen.

T. s. similis ROSSMAN, 1964

Englisch: Blue-striped Garter Snake; Florida-Garter Snake; Eastern Garter Snake.

Deutsch: Blaue oder Florida-Strumpfbandnatter.

Verbreitung: West-Florida vom Walkulla County bis zum Withlacoochee.

Abb. 98: *T. s. semifasciata.* Foto: STRATHEMANN.

Abb. 99: *T. s. semifasciata* (Zoologisches Museum Berlin).

Merkmale: Rücken dunkelbraun bis schwärzlich. Dorsalstreifen gelb bis beige. Lateralstreifen auf 2. und 3. Dorsalschuppenreihe, hellblau bis bläulichweiß. Wird oft mit der in Florida vorkommenden Form von *T. s. sirtalis* verwechselt!

7.26 *Thamnophis sumichrasti* COPE, 1866

Englisch: Mexican Garter Snake.

Deutsch: Sattelflecken-Strumpfbandnatter.

Größe: Bis zu 65 cm.

Merkmale: 19 Dorsalschuppenreihen. 8 (7) Oberlippenschilde und 10 (8; 9) Unterlippenschilde. 3 (4) Postocularschilde und 1 Präoculare.

Grundfärbung braun bis graubraun, hellere Färbung (zum Teil orange) an den Lateralflächen im Nackenbereich. Nach caudal geht Grundfärbung mehr in graue Töne über. Kopfoberseite graubraun mit schwarzen Punkten und Flecken. 2 deutlich getrennte, dunkle Flecke im Nackenbereich. Streifenzeichnung fehlt, oder ist nur schwach angedeutet. Andere Tiere der gleichen Art besitzen sattelartige, rechteckige Flecke oder Querbänder, die 4 – 5 Schuppenreihen breit sind und in rotbrauner Färbung vorliegen. Die Zunge ist schwarz. Derartige Exemplare wurden früher als *T. phenax* COPE, 1868 und somit als eigenständige Art geführt.

Verbreitung: Puebla (Mexico).

Lebensweise: Gebirgstier, welches in Höhen bis zu 2 000 m üNN vorkommt. Die Lebensweise ist noch relativ unbekannt. Bevorzugt werden humide Bergwälder. Stets in unmittelbarer Nähe von Bächen oder kleinen Wasserläufen zu findende Art.

Bemerkungen: Gilt heute als monotypische Art, früher als Unterarten geführte Taxa wurden nach neueren Untersuchungen *T. cyrtopsis* zugeordnet oder wurden als valide Spezies anerkannt. Von der Nominatform sind nur ausgesprochen wenig Exemplare in Sammlungen vorhanden. ROSSMANN (1966) geht davon aus, daß *T. phenax* mit *T. sumichrasti* identisch ist. Gleicher Autor (1992) beschreibt die enge Verwandtschaft dieser Art mit *T. mendax*, die er als »sister-species« bezeichnet.

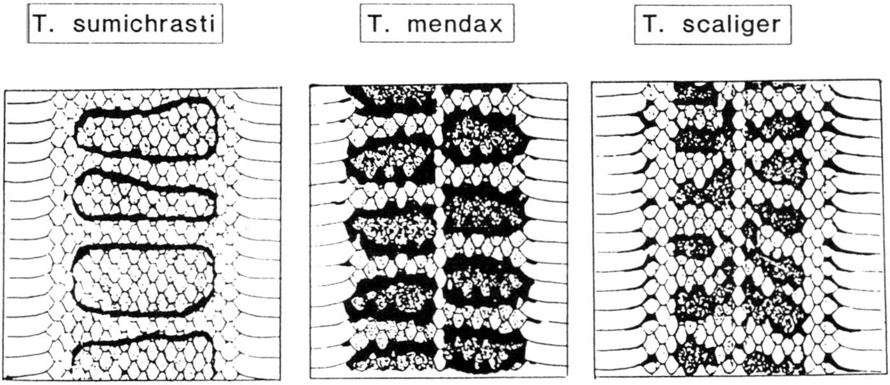

Abb. 100: Schematische Darstellen der Rückenzeichnung von *T. sumichrasti* im Vergleich zu *T. scaliger* und *T. mendax*. Nach WALKER (1955).

7.27 *T. vicinus* SMITH, 1942

G r ö ß e : 60 bis 100 cm.

M e r k m a l e : 19 Dorsalschuppenreihen, 8 Oberlippenschilde. Breites dunkles Nackenband. Im vorderen Körperdrittel mit bänderartigen dunklen Flecken, die den Rücken bis hinunter zu den lateralen Begrenzungen der Ventralia überziehen. Fleckenreihe verbindet sich im Bereich der vertebralen Dorsalschuppenreihen irregulär mit einer weiteren Reihe dunkler Punkte. Nach caudal nimmt die Fleckenzeichnung an Deutlichkeit ab. Dorsal- und Lateralstreifen fehlen gewöhnlich. Mitunter ist der Dorsalstreifen im vorderen Körperdrittel etwas angedeutet und wird von den dunklen Bändern durchzogen und unterbrochen.

V e r b r e i t u n g : Morelia (Mexico).

L e b e n s w e i s e : Gebirgstier, welches in Höhen oberhalb von 1 900 m üNN vorkommt. Es wurden Tiere sowohl in grasbewachsenen Hochebenen, als auch in Kiefern- bzw. Kiefern-Eichen-Mischwäldern gefunden. Gleicht in seiner Lebensweise stark *T. cyrtopsis*.

B e m e r k u n g e n : Der Status der Art ist umstritten, über die Terrarienhaltung liegen keine Informationen vor.

WEBB (1966) betrachtete *T. vicinus* als Synonym für *T. c. collaris*, unterstreicht 1978 nochmals die enge Beziehung zu *T. cyrtopsis*, verweist aber andererseits auf die typische Bänderzeichnung im ersten Körperdrittel. ROSSMAN (pers. Mitt.) ordnet *T. vicinus* wiederum *T. c. collaris* zu.

Abb. 101 (links): Eine mexikanische Strumpfbandnatter, die einerseits die Eigenschaften einer *T. cyrtopsis collaris* aufzeigt, deren Querbänder im vorderen Körperdrittel jedoch an *T. vicinus* erinnern (Zoologisches Museum Berlin).

8 Hinweise zu weiteren, *Thamnophis* nahestehenden Gattungen und Arten

8.1 *Nerodia (Thamnophis) validus* KENNICOTT, 1860

Englisch: Mexican West Coast Watersnake.

Deutsch: Mexikanische Westküsten–Wassernatter.

Größe: Bis 110 cm.

Merkmale: Kopf deutlich vom Nacken abgesetzt und vor allem bei adulten Exemplaren sehr breit erscheinend. Auffällig große Augen. 8 (7 – 9) Oberlippenschilde, 4. und 5. grenzen an die Orbita; 10 (9 – 11) Unterlippenschilde; 1 bis 2 Präocularschilde; 1 bis 4 Postocularschilde (meistens 3). Internasalschilder länger als breit. 19 bis 21 Dorsalschuppenreihen. Analschild meist geteilt, zuweilen auch ungeteilt.

In der Färbung sehr variabel. Oberseite bräunlich, dunkelbraun bis schwarz, schokoladenfarben, oliv bis grau. In der Regel 4 Längsreihen kleiner schwarzer oder dunkelbrauner Tupfen oder Flecke, die besonders im vorderen Körperabschnitt deutlich sind. Heller Seitenstreifen auf der 1. bis zur 3. Dorsalschuppenreihe. Rückenstreifen fehlt meist (nur bei einer Unterart regelmäßig vorhanden). Bauchseite hellgelb bis braun oder weißlichgrau, ohne Zeichnung.

Verbreitung: Südlichste Spitze der niederkalifornischen Halbinsel, Pazifikküste Mexikos (vor allem im flachen Küstensaum) von Sonora bis Guerrero. Diskontinuierliche Vorkommensgebiete.

Lebensweise: Typische Flachlandform, die nur an einer Stelle (Tepic–Region in Nayarit) bis in Höhen von 1.200 m üNN vordringt. Immer in Nähe von Gewässern, semiaquatil. Bevorzugt permanente Fließgewässer, ist jedoch auch in Brackwasserlagunen in der Küstenregion zu finden. In ihrer Lebensweise recht wenig bekannt. Als Nahrung werden Fische sowie Amphibien bevorzugt.

Unterarten:

***N. (T.) v. validus* KENNICOTT, 1860**

Verbreitung: Pazifikküstenregion Sonoras, Sinaloas bis Nayarit.

Merkmale: Graue, olive bis braune Rückenfärbung ohne Rückenstreifen und mit 4 Punktreihen versehen. Bauchschilde einfarbig dunkelgelb bis graubraun.

***N. (T.) v. celaeno* COPE, 1860**

Verbreitung: Äußerste Südspitze der Baja California.

Merkmale: Variable Dorsalfärbung ohne Rückenstreifung. Hellere und sehr dunkle Exemplare treten auf, letztere können fast schwarz erscheinen, so daß die Fleckenreihen nicht mehr hervortreten. Heller gefärbte Tiere sind *N. v. valida* sehr ähnlich. Ventralschilde einfarbig weißlich bis gelb, teilweise mit verwaschen wirkenden Aufhellungen, bei dunklen Exemplaren auch schwärzlich. Irregulärer, auf der 1. bis zur 3. Dorsalschuppenreihe liegender, Lateralstreifen.

***N. (T.) v. isabellae* CONANT, 1952**

Verbreitung: Diskontinuierliche Populationen an der Pazifikküste von Michoacan und Guerrero (Mexiko).

Merkmale: Brauner bis schokoladenfarbiger Rücken, heller Lateralstreifen auf den ersten 3 Dorsalschuppenreihen. Ventralschilde im vorderen Körperabschnitt dunkelgelb, dann in pinkfarbene Töne übergehend. Fleckenreihen relativ deutlich (jeder Fleck reicht bis an den nächstfolgenden heran).

***N. (T.) v. thamnophisoides* CONANT, 1961**

Verbreitung: Südöstliche Tepic-Region in Nayarit.

Merkmale: Rücken braun bis oliv mit hellem Rückenstreifen. Deutliche Seitenstreifen auf den ersten 3 Dorsalschuppenreihen. Uniform gelb gefärbte Bauchschilde.

Bemerkungen: Nach neueren Auffassungen sollte die Art zu Thamnophis gezählt werden. Die Art zeigt sehr ursprüngliche Merkmale und bildet ein Bindeglied zwischen Nerodia und Thamnophis.

8.2 Tropidoclonion (Microps) lineatum HALLOWELL, 1856

Englisch: Lined Snake.

Deutsch: Streifennatter.

Größe: 25 – 40 cm, in Ausnahmefällen bis zu 50 cm.

Merkmale: Bis 19 Dorsalschuppenreihen, Analschild ungeteilt. 7 Oberlippenschilde, 8 bis 9 Unterlippenschilde. Relativ kleine Augen. Kurzer, wenig abgesetzter Kopf, stumpfes, rundes Rostrum.

Doppelreihe halbmondförmiger Flecke entlang der Bauchschilde ist charakteristisch. Lateralstreifen auf 2. und 3. Dorsalschuppenreihe. Meist heller Dorsalstreifen (grau, gelblich, orange oder hellbraun) auf olivem bis bräunlichem Rücken. Im Gegensatz zu den *Thamnophis*-Arten besitzen die Dorsalschuppen »scale pits«. Ein weiteres Unterscheidungsmerkmal ist die Anordnung der Papillenstrukturen auf den Hemipenes (siehe auch Tafel 1, 4. Reihe links).

Verbreitung: Zentrales Illinois bis Colorado, Süddakota bis Zentral-Texas.

Lebensweise: Im Vorkommensgebiet sehr häufig. Bewohnt offene, prärieähnliche Landschaften ebenso wie bewaldete Gebiete und dringt auch in dichtbesiedelte Gegenden vor. Nachtaktive Schlange, in der Paarungszeit (Frühjahr) auch am Tage aktiv. Nahrung wird durch Umherstreifen und Wühlen am Boden aufgesucht, sie besteht in der Hauptsache aus Invertebraten (Regenwürmer, Nacktschnecken usw.). Im Gegensatz zu *Thamnophis* mehr versteckt und weniger an das Wasser adaptiert lebend.

Unterarten:

T. l. lineatum HALLOWELL, 1856

Englisch: Northern Lined Snake.

Verbreitung: Illinois, Südöstliches Nebraska, Kansas.

Merkmale: Weniger als 143 Bauchschilde, Subcaudalschilde bei weiblichen Tieren über 32, bei männlichen mehr als 40.

T. l. annectens RAMSEY, 1953

Englisch: Central Lined Snake.

Verbreitung: Illinois, Kansas Oklahoma, nordöstliches Texas.

Merkmale: Mehr als 143 Ventralschilde, mehr als 33 Subcaudalschilde bei weiblichen Tieren und mehr als 40 bei männlichen.

T. l. texanum RAMSEY, 1953

Englisch: Texas Lined Snake.

Verbreitung: Nordosten bis zum südlichen Teil von Texas.

Merkmale: Bis zu 143 Ventralschilde, Subcaudalschilde bei den weiblichen Tieren weniger als 34, bei den männlichen Exemplaren weniger als 41.

Bemerkungen: Die Art wird in der Literatur oft gemeinsam mit Thamnophis abgehandelt. Gelegentlich finden sich im Tierhandel einzelne Exemplare dieser Art, die als Strumpfbandnattern angeboten werden.

9 Synonymieliste

1758 *Coluber* LINNAEUS, Syst. Nat., 10 (1): 222. Species typica: *Coluber sirtalis.*

1837 *Tropidonotus* SCHLEGEL, Ess. Phys. Serp., 2: 320. Species typica: *Tropidonotus bipunctatus.*

1843 *Thamnophis* FITZINGER, Systemum Reptilum: 26. Species typica: *Coluber saurita* LINNAEUS.

1853 *Eutainia* BAIRD & GIRARD, Cat. N. Amer. Rept.: 24. Species typica: nicht beschrieben. *Coluber saurita* LINNAEUS als erste von 15 Formen aufgeführt.

1859 *Eutaenia* KENNICOTT (Substitutionsbezeichnung für *Eutainia* BAIRD & GIRARD, 1853), Proc. Acad. Nat. Sci. Philadelphia, 1859: 98.

1860 *Prymnomiodon* COPE, Proc. Acad. Nat. Sci. Philadelphia, 1860: 558. Species typica: *Prymnomiodon chalceus* COPE.

1875 *Chilopoma* COPE, in YARROW, WHEELER's Rept. Explor. Surv. W. 100. Mer., 5: 543. Species typica: *Chilopoma rufopunctatum* COPE.

1883 *Atomarchus* COPE, Amer. Nat.: 1300. Species typica: *Atomarchus multimaculatus* COPE.

1885 *Stypocemus* COPE (Substitutionsbezeichnung für *Chilopoma* COPE, vorher als *Cheilopoma* MURRAY, 1867 beschrieben), Proc. Amer. Philos. Soc., vol. 22: 387.

---

alpinus,
Thamnophis proximus ROSSMAN, 1963.
Bull. Florida St. Mus., 7 (3): 140 – 141.
San Cristobal las Casas, Chiapas (Mexiko).

annectens,
Thamnophis sirtalis BROWN, 1950.
Baylor Univ. Stud.: 203 – 206.
1 ml. östl. von Austin, Texas (USA).

angustirostris,
Eutaenia KENNICOTT, 1860.
Proc. Acad. Nat. Sci. Philadelphia: 332 – 333.
Parras, Coahuila (Mexiko) = (Nomen dubium?) *T. rufipunctatus.*

aquaticus,
Thamnophis couchi FOX, 1951.
Univ. California Publ. Zool.: 493 – 499.
Dillon Beach, Marin County, Kalifornien (USA).
= *T. atratus aquaticus*

arabdotus,
Thamnophis ANDREWS, 1937.
Zool. Ser. Field Mus. Nat. Hist., 20: 357 – 358.
Catmis, Quintana Roo (Mexiko). =
T. marcianus praeocularis.

arizonae,
Thamnophis elegans TANNER & LOWE, 1989.
Great Basin Nat. 49: 512.
Ca. 2 ml. östl. v. Joseph City, Navajo Country, Arizona (USA).

atrata,
Eutaenia KENNICOTT, 1860.
U. S. Pacific R. R. Surv., 12: 296.
San Francisco, Kalifornien (USA). = *T. a. atratus.*

aurata,
Eutaenia COPE, 1892.
Proc. U. S. Natl. Mus., 14: 659.
Lake Valley, New Mexico (USA) = *T. c. cyrtopsis.*

Baronismülleri,
Tropidonotus TROSCHEL, 1865.
In: MÜLLER, Reisen Ver. Staaten, Kanada und Mexiko: 610 – 611.
Mexiko = *T. m. melanogaster.*

baronis-mülleri,
Tropidonotus BOULENGER, 1893.
Cat. Snakes Brit. Mus., 1: 226.
Nähe von Mexico City = *T. m. melanogaster.*

bipunctatus,
Tropidonotus SCHLEGEL, 1837.
Ess. Phys. Serp., 2: 320.
Nashville, Tennesee (USA) = *T. s. sirtalis.*

biscutata,
Eutaenia COPE, 1883.
Proc. Acad. Nat. Sci. Philadelphia: 21.
Klamath-See, Oregon (USA). = *T. elegans biscutatus.*

bovallii,
Thamnophis DUNN, 1940.
Herpetologica, 1: 191 – 192.
Grenada, Nikaragua = *T. marcianus bovallii.*

brachystoma,
Eutaenia COPE, 1892.
Amer. Nat., 26: 964.
Venango County, Pennsylvania (USA). = *T. brachystoma.*

brunnea,
Eutaenia elegans COPE, 1892.
Proc. U. S. Natl. Mus., 14: 6.
Fort Bidwell, Kalifornien (USA). = *T. elegans biscutatus.*

butleri,
Eutaenia COPE, 1989.
Proc. U. S. Natl. Mus., 11: 399.
Richmond, Indiana (USA). = *T. butleri.*

canescens,
Thamnophis melanogaster SMITH, 1942.
Zoologica, 17: 117 – 120.
Chapala, Jalisco (Mexiko).

cerebrosus,
Thamnophis sumichrasti SMITH, 1942.
Zoologica, 17: 111 – 112.
Escuintla, Guatemala. = Status bisher unbefriedigend geklärt!
(siehe *T. sumichrasti*!)

chalceus,
Prymnomodion COPE, 1861.
Proc. Acad. Nat. Sci. Phila.: 558.
Siam (irrtümlich). = *T. sauritus sackenii.*

chihuahuaensis,
Thamnophis melanogaster TANNER, 1959.
Herpetologica, 15: 170 – 172.
Rio Bavispe unterhalb von Three Rivers nahe der Grenze zu Sonora, Chihuahua (Mexiko).

chysocephala,
Eutaenia COPE, 1885.
Proc. Amer. Philos. Soc., 22: 173 – 174.
Orizaba, Veracruz (Mexiko). = *T. chrysocephalus.*

collaris,
Tropidonotus JAN, 1863.
Elenco Sist. Ofidi: 69.
Mexiko. = *T. cyrtopsis collaris.*

concinnus,
Tropidonotus HALLOWELL, 1852.
Proc. Acad. Nat. Sci. Philadelphia, 6: 182.
Oregon (USA). = *T. sirtalis concinnus.*

cooperi,
Eutaenia KENNICOTT, 1860.
U. S. Pacific R. R. Surv., 12: 296. Cathlapoot'l und Willopah-Tal,
Washington (USA). = *T. ordinoides.*

couchii,
Eutaenia KENNICOTT, 1859.
U. S. Pacific R. R. Surv., 10: 10.
Pit-River, Kalifornien (USA). = *T. couchii.*

cyclides,
Thamnophis cyrtopsis COPE, 1861.
Proc. Acad. Nat. Sci. Philadelphia: 299.
Cape San Lucas, Baja California (Mexiko) (irrtümlich!) = *T. c. cyrtopsis.*

cyrtopsis,
Eutaenia KENNICOTT, 1860.
Proc. Acad. Nat. Sci. Philadelphia: 333.
Rinconada, Coahuila (Mexiko). = *T. c. cyrtopsis.*

diabolicus,
Thamnophis proximus ROSSMAN, 1961.
Bull. Florida. St. Mus., 3: 135 – 138.
Rio Nadadores, 3 Meilen nördlich von Nadadores, Coahuila (Mexiko).

digueti,
Tropidonotus MOCQUARD, 1899.
Nouv. Arch. Mus. Hist. Nat. Paris, 4 (1): 327.
Mulege und San Ignacio, Baja California (Mexiko) = *T. hammondii.*

dorsalis,
Eutainia BAIRD & GIRARD, 1853.
Cat. N. Amer. Rept.: 31 – 32.
Zwischen Monclova und Rio Grande, Texas (USA). = *T. sirtalis dorsalis.*

eburatus,
Thamnophis TAYLOR, 1939.
Herpetologica, 1: 187 – 189.
Cerro San Felipe, 17.000 m ü. N., Oaxaca (Mexiko) = *T. chrysocephalus.*

elegans,
Eutainia BAIRD & GIRARD, 1853.
Cat. N. Amer. Rept.: 34.
Eldorado County, Kalifornien (USA). = *T. e. elegans.*

eques,
Coluber REUSS, 1834.
Zool. Misc.: 152 – 155.
Mexiko. = *T. eques.*

errans,
Thamnophis ordinoides SMITH, 1942.
Zoologica, 17: 112 – 114.
Colonia Garcia, Chihuahua (Mexiko). = *T. elegans errans.*

exsul
Thamnop,his ROSSMAN, 1969.
Occ. Pap. Mus. Zool. Louisiana St. Univ., 39: 1 – 4.
11 Meilen östlich und 3, 5 Meilen südlich von San Antonio de las Alazanas, Coahuila (Mexiko).

faireyi,
Eutaenia BAIRD & GIRARD, 1853.
Cat. N. Amer. Rept.: 25.
Prairie Mer Rouge, Louisiana (USA). = *T. p. proximus.*

fitchi,
Thamnophis sirtalis FOX, 1951.
Copeia: 257 – 167.
9 ml. westl. von Gridley, Butte County, Kalifornien (USA).

flavilabris,
Eutaenia COPE, 1866.
Proc. Acad. Nat. Sci. Philadelphia: 306.
Flachland oder Gebirge im südlichen Mexiko. = *T. e. eques.*

fulvus,
Eutaenia *cyrtopsis* BOCOURT, 1893.
Miss. Sci. Mex., Rept.: 777 – 778.
Alta Verapaz (Guatemala). = *T. fulvus.*

gigas,
Thamnophis ordinoides FITCH, 1940.
Univ. California Publ. Zool., 44: 69 – 73.
Gadwell, Merced County, Kalifornien (USA). = *T. gigas.*

glaphyros,
Tropidonotus JAN, 1863.
Elenco Sist. Ofidi: 70.
Nordamerika = *T. radix.*

godmani,
Tropidonotus GÜNTHER, 1894.
Biol. Centr. Amer., Rept.: 133.
Omilteme, Guerrero (Mexiko). = *T. godmani.*

graminea,
Eutaenia sirtalis. COPE, 1889.
Proc. U. S. Natl. Mus., 11: 399.
Brockville, Indiana (USA) = *T. s. sirtalis.*

halophilus,
Thamnophis TAYLOR, 1939.
Herpetologica, 1: 183 – 187.
7 km nördlich von Zacualtipan, Hidalgo (Mexiko). = *T. sumichrasti.*

hammondii,
Eutaenia KENNICOTT, 1860.
Proc. Acad. Nat. Sci. Philadelphia: 322.
San Diego, Kalifornien (USA). = *T. hammondii.*

haydenii,
Eutaenia KENNICOTT, 1860.
Expl. Surv. W. 100th Mer., 12 (2): 298.
Fort Pierre, Nebraska (USA). = *T. radix haydenii.*

henshawi,
Eutaenia YARROW, 1883.
Proc. U. S. Natl. Mus., 6: 152. Fort Walla Walla, Washington (USA). = *T. elegans vagrans.*

hueyi,
Thamnophis ordinoides VAN DENBURGH & SLEVIN, 1923.
Proc. California Acad. Sci., 4 (13): 2.
Arroyo Encantado, San Pedro Martir-Gebirge, Baja California (Mexiko). = *T. elegans hueyi.*

hydrophila,
Thamnophis ordinoides FITCH, 1936.
Amer. Midl. Nat., 17: 648.
Trail Creek, Jackson County, Orego (USA). = *T. atratus hydrophilus.*

ibibe,
Coluber DAUDIN, 1803.
Hist. Nat. Rept., 7: 181 – 183.
Carolina (USA). = *T. s. sirtalis.*

imperialis,
Eutaenia COUES & YARROW, 1878.
Bull. U. S. Geol. Surv., 4: 280.
Tomales Bay, Kalifornien (USA). (Nomen nudum) = *T. sirtalis infernalis.*

infernalis,
Coluber BLAINVILLE, 1835.
Nouv. Ann. Mus. Hist. Nat. Paris, 4: 291.
Kalifornien (USA). = *T. sirtalis infernalis.*

insigniarum,
Eutaenia COPE, 1885.
Proc. Amer. Philos. Soc., 22: 172.
Chapultepec, Distrito Federal (Mexiko). = *T. e. eques.*

jauresi,
Tropidonotus DUMERIL & BIBRON, 1854.
Erp. Gen., 7: 606.
Ohne Fundortangabe. = *T. s. sirtalis.*

kennicotti,
Tropidonotus JAN, 1863.
Elenco Sist. Ofidi: 70.
Nordamerika. = *T. radix.*

leptocephala,
Eutainia BAIRD & GIRARD, 1853.
Cat. N. Amer. Rept.: 29 – 30.
Puget Sound, Washington (USA). = *T. ordinoides.*

linearis,
Thamnophis melanogaster SMITH, NIXON & SMITH, 1948.
Linn. Soc. J. Zool., 41: 575 – 576.
Lerma, Mexiko.

lineolata,
Eutaenia elegans COPE, 1892.
Proc. U. S. Natl. Mus., 14: 655.
Südliches Kalifornien (USA) (fraglich!). = *T. e. elegans* x *T. e. vagrans.*

lowei,
Thamnophis sirtalis TANNER, 1988.
Great Basin Naturalist, 48: 500 – 506.
Yepomera, Chihuahua (Mexiko).

macrostemma,
Eutaenia KENNICOTT, 1860.
Proc. Acad. Nat. Sci. Philadelphia: 331.
Mexico City, Distrito Federal (Mexiko). = *T. e. eques.*

marciana,
Eutainia. BAIRD & GIRARD, 1853.
Cat. N. Amer. Rept.: 36 – 37.
Red River, Oklahoma (USA). = *T. m. marcianus.*

megalops,
Eutaenia, KENNICOTT, 1860.
Proc. Acad. Nat. Sci. Philadelphia: 330.
Tucson, Arizona (USA) und Santa Magdalena, Sonora (Mexiko). = *T. eques megalops.*

melanogaster,
Tropidonotus PETERS, 1864.
Monatsber. Berliner Akad. Wiss.: 389 – 390.
Mexiko. = *T. m. melanogaster.*

melanota,
Eutaenia sirtalis HIGLEY, 1889.
Trans. Wisconsin Acad. Sci. Arts Lett., 7: 163.
Walworth County, Wisconsin (USA). = *T. s. sirtalis.*

melanotaenia,
Eutaenia radix COPE, 1889.
Proc. U. S. Natl. Mus., 11: 400 – 401.
Brookville, Indiana (USA). = *T. r. radix.*

mendax,
Thamnophis WALKER, 1955.
Copeia, 1955: 110 – 113.
La Joya de Salas, Tamaulipas (Mexiko).

mesomelanus,
Tropidonotus JAN, 1863.
Elenco Sist. Ofidi: 73.
Mexiko. (Nomen dubium?) = *T. m. melanogaster.*

multimaculatus,
Atomarc*hus* COPE, 1883.
Amer. Nat., 17: 1300.
San Francisco-River, New Mexico, nahe der Grenze zu Arizona (USA). = *T. rufipunctatus.*

nigrescens,
Thamnophis elegans JOHNSON, 1947.
Herpetologica, 3: 161.
Tacoma, Pierre County, Washington (USA). = *T. elegans vagrans.*

nigrilatus,
Eutaeia COPE, 1892.
Proc. U. S. Natl. Mus., 14: 665.
Tucsun, Arizona (USA). (Verbesserung des Namens *E. nigrolateris* BROWN, 1889). = *T. m. marcianus.*

nigrolateris,
Eutaenia BROWN, 1889.
Proc. Acad. Nat. Sci. Philadelphia: 121 – 122.
Tucson, Arizona (USA). = *T. m. marcianus.*

nigronuchalis,
Thamnophis THOMPSON, 1957.
Occ. Pap. Mus. Zool. Univ. Mich., 584: 1 – 10.
San Luis, Durango (Mexiko). = *T. (rufipunctatus) nigronuchalis.*

nitae,
ROSSMAN, 1963.
Bull. Florida St. Mus., 7 (3): 163 – 165.
Mc Donald Sümpfe im St. Marks-Reservat, Wakulla County, Florida (USA).

obalskii,
Tropidonotus MOCQUARD, 1903.
Bull. Mus. Hist. Nat. Paris, 5: 211 – 212.
Black Lake, Kanada. = *T. s. sirtalis.*

obscura,
Eutaenia sirtalis COPE, 1860.
Expl. Surv. W. 100th Mer., 5: 546.
Westport, New York (USA) = *T. s. sirtalis.*

ocellata,
Eutaenia cyrtopsis COPE, 1880.
Bull. U. S. Natl. Mus., 17: 22 – 23.
Helotes, Bexar County, Texas (USA). = *T. cyrtopsis ocellata.*

olympia,
Thamnophis leptocephalus MEEK, 1899.
Zool. Ser. Field Mus. Nat. Hist., 1: 235.
Olympic-Gebirge, Washington (USA). = *T. ordinoides.*

orarius,
Thamnophis proximus ROSSMAN, 1963.
Bull. Florida. St. Mus., 7 (3): 132 – 134.
Waggaman, Jefferson Parish, Louisiana (USA).

ordinatus,
Coluber LINNAEUS, 1766.
Syst. Nat., 12 (1): 379.
Carolina (USA) = *T. s. sirtalis.*

ordinoides,
Tropidonotus BAIRD & GIRARD, 1852.
Proc. Acad. Nat. Sci. Philadelphia: 176.
Puget Sound, Washington (USA). = *T. ordinoides.*

ornata,
Eutaenia BAIRD, 1859.
Rept. U. S. Mex. Boundary: 16.
San Antonio, Texas und unterer Rio Grande (USA). = *T. sirtalis dorsalis.*

pallidula,
Thamnophis sirtalis ALLEN, 1899.
Proc. Boston Soc. Nat. Hist., 29: 64 – 67.
Intervale, New Hampshire (USA). = *T. sirtalis pallidulus.*

parietalis,
Coluber SAY, 1823.
In: Long's Exp. Rocky Mts., 1: 186.
Steinbruch an der Westseite des Missouri, 3 Meilen oberhalb der Einmündung des Boyers-Rivers. = *T. sirtalis parietalis.*

phenax,
Eutaenia COPE, 1868.
Proc. Acad. Sci. Nat. Philadelphia: 134.
Cordoba, Veracruz (Mexiko). = *T. sumichrasti.*

pickeringii,
Eutainia BAIRD & GIRARD, 1853.
Cat. N. Amer. Rept.: 27 – 28.
Puget Sound, Washington (USA). = *T. sirtalis pickeringii.*

plutonia,
Eutaenia vagrans YARROW, 1883.
Proc. U. S. Natl. Mus., 6: 152.
Arizona (USA). = *T. elegans vagrans.*

postremus,
Thamnophis eques SMITH, 1942.
Zoologica, 17: 109 – 110.
El Sabino, Michoacan (Mexiko). = *T. (cyrtopsis) postremus.*

praeocularis,
Eutaenia BOCOURT, 1892.
Le Naturaliste: 278.
Belize. = *T. marcianus praeocularis.*

proximus,
Coluber SAY, 1823.
In: Long's Exp. Rocky Mts.: 187.
Steinbruch an der Westseite des Missouri, 3 Meilen oberhalb der Einmündung des Boyers-River. = *T. p. proximus.*

pulchrilatus,
Eutaenia COPE, 1885.
Proc. Amer. Philos. Soc., 23: 174.
Möglicherweise Guanajuato (Mexiko). = *T. (cyrtopsis) pulchrilatus.*

quadriserialis,
Tropidonotus FISCHER, 1879.
Verh. Ver. Naturwiss. Hamburg, (2)3: 82.
»Mazatlan«. = *T. (N.) v. validus*.

quadriserialis,
Tropidonotus sirtalis GARMAN, 1884.
Rept. and Batrachians N. Amer. Part I, Ophidia. Mem. Mus. Comp. Zool. 8 (3): 140. = *T. (N.) v. validus*.

radix,
Eutainia BAIRD & GIRARD, 1853.
Cat. N. Amer. Rept.: 34.
Racine, Wisconsin (USA). = *T. r. radix*.

rozellae,
Thamnophis SMITH, 1940.
Proc. Biol. Soc. Washington, 53: 56 – 57.
Palenque, Chiapas (Mexiko). = *T. m. marcianus* x *T. marcianus praeocularis*.

rubrilineatus,
Thamnophis proximus ROSSMAN, 1963.
Bull. Florida St. Mus., 7 (3): 134 – 135.
8, 2 Meilen nordwestlich von Ingram, Kerr County, Texas (USA).

rubristriata,
Thamnophis MEEK, 1899.
Zool. Ser. Field Mus. Nat. Hist., 1: 235.
Olympic-Gebirge, Washington (USA). = *T. ordinoides*.

rufipunctatum,
Chilopoma COPE, 1875.
Rept. U. S. Expl. Surv. W 100th Mer., 5: 543.
Südliches Arizona (USA). = *T. rufipunctatus*.

ruthveni,
Thamnophis HARTWEG & OLIVER, 1938.
Occ. Pap. Mus. Zool. Univ. Michigan, 390: 1 – 8.
Tehuantepec, Oaxaca (Mexiko). = *T. marcianus marcianus*.

rutiloris,
Eutaenia COPE, 1885.
Proc. Amer. Philos. Soc., 22: 388 – 389.
Cozumel-Insel, Yucatan (Mexiko). = *T. proximus rutiloris*.

sackenii,
Eutaenia KENNICOTT, 1859.
Proc. Acad. Nat. Sci. Philadelphia: 98.
Florida (USA). = T. *sauritus sackenii*.

salvini,
Thamnophis sumichrasti SMITH, NIXON & SMITH, 1948.
Linn. Soc. J. Zool., 41: 579 – 580.
Rio Chixoy unterhalb von Cubules, Guatemala. Durch Start (1963) begrenzt auf Cubulco, Baja Verapaz. = *T. cyrtopsis collaris*.

saurita,
Coluber LINNAEUS, 1766.
Syst. Nat., 12 (1): 385.
Carolina (USA) = *T. s. sauritus*.

scalaris,
Thamnophis COPE, 1860.
Proc. Acad. Nat. Sci. Philadelphia: 369.
Jalapa, Veracruz (Mexiko). = *T. scalaris*.

scaliger,
Tropidonotus JAN, 1863.
Elenco Sist. Ofidi: 70.
Ohne Fundortangabe. = *T. scaliger*.

semifasciata,
Eutaenia sirtalis COPE, 1892.
Proc. U. S. Natl. Mus., 14: 662 – 663.
Aux Plaines, Illinois (USA). = *T. sirtalis semifasciatus*.

septentrionalis,
Thamnophis sauritus ROSSMAN, 1963.
Bull. Florida St. Mus., 7 (3): 159 – 161.
Michigan Hallow nahe Ithaca, Tompkins County, New York (USA).

similis,
Thamnophis sirtalis ROSSMAN, 1964.
Proc. Louisiana Acad. Sci., 27: 67 – 73.
Hampton springs, Tayler County, Florida (USA).

sirtalis,
Coluber LINNAEUS, 1758.
Syst. Nat., 10 (1): 222.
Kanada = *T. s. sirtalis*.

stejnegeri,
Thamnophis MCLAIN, 1899.
Contr. Neotr. Herp.: 4 – 5.
Salamanca, Guanajuato (Mexiko). = *T. eques megalops*.

subcarinata,
Coluber GRAY, 1839.
(In Richardson). Zool. Capt. Beechy's Voy.: 96.
Xalisco (Mexiko). = *T. e. eques*.

sumichrasti,
Eut*a*enia COPE, 1866.
Proc. Acad. Sci. Nat. Philadelphia: 306.
Orizaba, Veracruz (Mexiko). = *T. sumichrasti.*

taenia,
Coluber SCHOEPF, 1788.
Reise Ver. Staaten, 1: 496.
New York (?) (USA) = *T. s. sirtalis.*

terrestris,
Thamnophis elegans FOX, 1951.
Univ. California Publ. Zool.: 499 – 507.
Strawberry-Canyon, Berkeley, Alameda County, Kalifornien (USA).

tetrataenia,
Eutaenia sirtalis COPE, 1875.
U. S. Expl. Surv. W. 100th Mer., 5: 546.
Puget Sound, Washington; Pitt-River in Kalifornien (irrtümlich!). San Francisco Bay, Kalifornien (USA). = *T. sirtalis infernalis.*

trilineata,
Eutaenia sirtalis COPE, 1892.
Proc. U. S. Natl. Mus., 14: 665.
Port Townsend, Oregon (USA). = *T. sirtalis concinnus.*

trivittatus,
Tropidonotus HALLOWELL, 1853.
Proc. Acad. Nat. Sci. Philadelphia, 6: 237.
Ufer des Consumnes und anderer Flüsse in Kalifornien (USA). = *T. e. elegans.*

twiningi,
Eutaenia radix COUES & YARROW, 1878.
Bull. U. S. Geol. Surv., 4: 279 – 280.
Milk River, Montana (USA). = *T. radix haydeni.*

unilabialis,
Thamnophis rufipunctatus TANNER, 1985.
Southwest Nat., 45 (4): 649 – 650.
5 Meilen südwestlich von Bocoyna, Chihuahua (Mexiko). = *T. rufipunctatus.*

vagrans,
Eutaenia BAIRD & GIRARD, 1853.
Cat. N. Amer. Rept.: 35.
Kalifornien (irrtümlich!) = *T. elegans vagrans.*

vascotanneri,
Thamnophis elegans TANNER & LOWE 1989.
Great Basin Nat., 49: 514.
Einmündung des Boulger Creek mit dem Huntington River, Emery County, Utah (USA).

vicinus,
Thamnophis SMITH, 1942.
Zoologica, 17: 104 – 106. Temaxcal, Michoacan (Mexiko). (= *T. cyrtopsis collaris* ?)

vidua,
Eutaenia infernalis COPE, 1891.
Proc. U. S. Natl. Mus., 14: 658.
San Francisco, Kalifornien (USA). = *T. a. atratus.*

virgataenius
Thamnophis eques CONANT, 1963.
Copeia, 3: 490 – 494.
6 Meilen westlich von El Salto, Durango (Mexiko).

10 Danksagung

Es ist mir an dieser Stelle ein Bedürfnis, all denen zu danken, die mich auf vielfältige Art und Weise bei der Entstehung des vorliegenden Bandes unterstützt haben.

Besonderer Dank gebührt Herrn Professor D. A. ROSSMAN (Baton Rouge) für seine zahlreichen Hinweise und Stellungnahmen.

Ebenso danke ich Herrn Dr. R. GÜNTHER (Berlin) für die Möglichkeit der Einsichtnahme in die Sammlung des Zoologischen Museums Berlin und die Bibliothek sowie Herrn Dipl. Biol. F.-J. OBST (Dresden) für die Literaturbereitstellung und die Durchsicht des ersten Entwurfes. Für die Überlassung von Literatur, Bild-, Daten- und Tiermaterial gilt mein Dank weiterhin den Herren Prof. A. M. BAUER (Villanova), Dr. D. BELCHER (Albuquerque), St. D. BOSTWICK (Des Moines), J. BOUNDY (Baton Rouge), F. BRUEMMER (Montreal), H. BRUCHMANN (Brilon), R. B. CHIASSON (Tucson), Dr. F. DATHE (Berlin), P. HALLMANN (Zepernick), Dr. R. LAWSON (Baton Rouge), Dr. SH. A. MINTON (Indianapolis), H. RAUTHENBERG (Berlin), Dr. sc. D. SCHMIDT (Schönow), H. SCHNEIDER † (Berlin), ST. SCHULTE (Korbach), U. STRATHEMANN (Bad Salzufflen), Dipl. Biol. L. TRUTNAU (Altrich), J. VAN HET MEER (Almere), J. V. VINDUM (San Francisco), Prof. R. G. WEBB (El Paso), PROF. W. W. TANNER (Provo) und allen anderen Personen, die hier nicht namentlich genannt wurden.

Soweit bei den Abbildungen nicht anders vermerkt, stammen alle Zeichnungen und Fotos vom Verfasser.

Meiner Familie, vor allem meiner Ehefrau, danke ich für Ihre Unterstützung und ihr Verständnis.

Für die Durchsicht des Manuskriptes bin ich den Herren Priv. Doz. Dr. W. BÖHME (Bonn) und P. KORNACKER (Rheinbach) zu Dank verpflichtet. Weiterhin danke ich meiner Mitarbeiterin Frau A. JASCHEK für die Korrektur und die Unterstützung bei der Fertigstellung der Endfassung, Herrn I. TETZLAFF (Zepernick) für die Aufnahme des Titelbildes sowie dem Verlag, insbesondere Herrn Dr. P. SACHER und nachfolgend Herrn Dr. B. THIESMEIER für ihr Entgegenkommen und Engagement.

11 Literatur

ALCOCK, A. & L. ROGERS (1902): On the toxic properties of the saliva of »non-poisonus« Colubrines. — Proc. R. Soc. 70: 446.

ALEKSIUK, M. (1970): The effects of in vivo light and temperature acclimation on in vivo responses in a cold climate reptile, *Thamnophis sirtalis parietalis.* — Can. J. Zool. 48: 1155 - 1161.

ALEKSIUK, M. (1971): Temperature depend shifty in the metabolism of a cold temperate reptile, *Thamnophis sirtalis parietalis.* — Comp. Biochem. Physiol. 39 A: 195 - 203.

ALEKSIUK, M. (1976): Reptilian hibernation: evidence of adaptive strategies in *Thamnophis sirtalis parietalis.* — Copeia: 170 - 178.

ALEKSIUK, M. (1978a): Sources of mortality in concentrated garter snake populations. — Can. Fld. Nat. 91 (1): 70 - 72.

ALEKSIUK, M. (1978b): Cold-induced aggregativ behaviour in the red-sided garter snake (*Thamnophis sirtalis parietalis*). — Herpetologica 33: 98 - 101.

Aleksiuk, M. (1981): Schlangen im Schnee. — Das Tier 1: 8 - 10.

ALEKSIUK, M. & K. W. STEWART (1971): Seasonal changes in the body composition of the garter snake (*Thamnophis sirtalis parietalis*) at northern latitudes. — Ecology 52: 185 - 190.

ALEKSIUK, M. & P. T. GREGORY (1974): Regulation of seasonal mating behaviour in *Thamnophis sirtalis parietalis.* — Copeia: 681 - 689.

ALPAUGH, W. C. (1980): Earthworm (*Lumbricus terrestris*) consumption in captive garter snake (*Thamnophis sirtalis*). — Herpet. Rev. 11 (4): 93.

ARNOLD, J. A. (1982): A quantitative approach to antipredator performance: salamander defence against snake attack. — Copeia 1982: 247 - 253.

AUEN, E. L. & D. A. LANGEBARTEL (1977): The cranial nerves of the colubrid snakes *Elaphe* and *Thamnophis.* — J. Morph. 154: 205 - 222.

BAIRD, S. F. (1859): Reptiles of the boundary. — Rept. U.S. Mex. Bound. Surv. 3 (2): 1 - 35.

BAIRD, S. F. & C. GIRARD (1853): Catalogue of North American reptiles in the museum of the Smithsonian Institution. Part I Serpents. — Smithson. Inst., Washington, 172 p.

BAKER, R. H. (1976): *Thamnophis elegans* captures *Sorex emarginatus.* — Herpet. Rev. 7 (3): 112.

BANTA, B. H. & D. E. HAHN (1967): Albinism in a Colorado garter snake. — Wassman J. Biol. 24: 249 - 250.

BARTON, A. J. (1956): A statistical study of *Thamnophis brachystoma* (COPE) with comments on the kinship of *Thamnophis butleri* (COPE). — Proc. Biol. Soc. Washington 69: 71 - 82.

BEHLER, J. L. & F. W. KING (1979): Field Guide to North American Reptiles and Amphibians. — Knopf, New York.

BELLAIRS, A. D. (1969): The live of reptiles. — Weidenfels & Nicholson, London: 283 - 590.

BELLEMIN, J. M. & G. R. STEWART (1977): Diagnostic characters and color convergence of the garter snakes *Thamnophis elegans terrestris* and *Thamnophis couchi atratus* along the central California coast. — Bull. So. California Acad. Sci. 76: 73 - 84.

BELLEMIN, J. M., G. ADEST, M. ALEKSIUK & G. C. GORMAN (1978): Genetic uniformity in northern populations of *Thamnophis sirtalis* (Serpentes: *Colubridae*). — Copeia 1978: 150 - 151.

BENTON, M. (1980): Geographic variations and validity of subspecies names for the *Thamnophis sirtalis.* — Bull. Chicago herp. Soc. 15 (3): 57 - 69.

BENTON, M. J. (1980): Geographic variations in the garter snake (*Thamnophis sirtalis*) of the north-central United States, a multivariable study. — Zool. J. Linn. Soc. 68: 307 - 323.

BLACKBURN, D. G. (1992): Sperm storage in garter snakes. — British Bull. Herp. Soc., 41: 21.

BOCOURT, M. F. (1892): Note sur un Ophidien appartenant an genre *Eutaenia.* — Le Naturaliste 14: 278.

BONA-GALO, A. & P. LICHT (1983): Effects of temperature on sexual receptivity and ovarian recrudescence in the garter snake, *Thamnophis sirtalis parietalis.* — Herpetologica 39: 173 - 182.

BOSCH, J. A. (1963): *Thamnophis.* — Lacerta 20: 78 - 80.

BOULENGER, G. A. (1893): Catalogue of the Snakes in the British Museum (Natural History). Part I. — London, 448 p.

BOYER, D. A. (1941): Observations on the birth of a brood of garter snakes, *Thamnophis sirtalis sirtalis* Linné. — Amer. Midl. Nat. 26: 334 - 336.

BRATTSTROM, B. H. (1953): Records of Pleistocene reptiles and amphibians from Florida. — Quart. J. Florida Acad. Sci. 16: 243 - 248.

BRICHARD, G. F., C. P. BLACK, V. BLACK & G. W. SCHUETT (1984): Influence of pregnancy on oxygen consumption, heart rate and hematology in garter snake: implication for the cost of reproduction in life bearing reptiles. — Comp. Biochem. Physiol. A 77 (3): 519 - 523.

BRODIE, E. D. (1989): Behavioral modification as a means of reducing the cost of reproduction. — Am. Nat. 134 (2): 225 – 238.

BROWN, B. C. (1950): An annotated check list of the reptiles and amphibians of Texas. — Baylor Univ. Stud.: 259.

BRUYNDONCKX, H. (1985): zitiert von Schmidt, D. (1986) in Aquarien Terrarien 33: 115.

BURGHARDT, G. M. (1970): Intraspecific geographical in chemical food cue preference of newborn garter snakes (*Thamnophis sirtalis*). — Behaviour 36: 246 – 257.

BURGHARDT, G. M. (1980): Behavioural and stimulus correlates of vomeronasale functioning in reptiles: feeding, grouping, sex and tongue use. — In: MÜLLER-SCHWARZE, D. & R. M. SILVERSTEIN (Edit.). Plenum Press, New York: 275 – 301.

BURT, C. E. (1928): Sexual dimorphism in the tail length of the common garter snake, *Thamnophis sirtalis* (LINNAEUS). — Copeia 1928: 13 – 14.

BURTON, A. N., J. MCLINTOCK & J. G. REMPEL (1966): Western equine encephalitis virus in Saskatchewan garter snakes and Leopard frogs. — Science 154: 1029 – 1031.

CARPENTER, C. C. (1952): Comparative ecology of the common garter snake (*Thamnophis sirtalis sirtalis*), the ribbon snake (*Thamnophis sauritus sauritus*) and Butler's snake (*Thamnophis butleri*) in mixed population. — Ecol. Monogr. 22 (4): 235 – 258.

CASTANET, J. & G. NAULLEAU (1985): La squelettochronologique chez les reptiles. 1. Résultats expérimentaux sur la signification des marques de croissance squelettiques chez les serpents. Remarques sur la croissance et la longévité de la vipère aspic. — Annales Sci. nat. (Zool. Biol. Anim.) 7: 23 – 40.

CATLING, P. M. & W. FREEDMAN (1981): Melanistic Butler's garter snake (*Thamnophis butleri*) at Amherstburg, Ontario. — Can. Fld. Nat. 91 (4): 397 – 399.

CHIASSON, R. B. & CH. H. LOWE (1989): Ultrastructural scale patterns in *Nerodia* and *Thamnophis*. — J. of Herp. 23 (2): 109 – 118.

CHURCHILL, TH. A. & K. B. STOREY (1992): Freezing survival of the garter snake *Thamnophis sirtalis parietalis*. — Can. J. Zool. 70 (1): 99 – 105.

COBORN, J. (1992): Schlangenatlas. — Bede Verlag, Kollnburg. 591 S.

CONANT, R. (1950): On the taxonomic status of *Thamnophis butleri* (COPE). — Bull. Chicago Acad. Sci. 9: 71 – 77.

CONANT, R. (1958): A Field Guide to Reptiles and Amphibians of the United States and Canada East of the 100th Meridian. — Houghton Mifflin Co., Boston, 366 p.

CONANT, R. (1958): A Field Guide to Reptiles and Amphibians. — Riverside Press, Cambridge.

CONANT, R. (1961): A new water snake from Mexico, with notes on anal plates and apical pits in *Natrix* and *Thamnophis*. — Amer. Mus. Nov. 2060: 1 – 22.

CONANT, R. (1963): Semiaquatic snakes of the genus *Thamnophis* from the isolated drainage system of the Rio Nazas and adjacent areas in Mexico. — Copeia 1963: 473 – 499.

CONANT, R. (1965): Miscellaneous notes and comments on toads, lizards and snakes from Mexico. — Amer. Mus. Nov. 2205: 1 – 38.

COPE, E. D. (1860): Catalogue of the Colubridae in the Museum of the Academy of Natural Sciences in Philadelphia. — Proc. Acad. Nat. Sci. Philadelphia 12: 241 – 266.

COPE, E. D. (1900): The crocodilians, lizards, and snakes of North America. — Ann. Rept. U.S. Natl. Mus. for 1898: 153 – 1270.

COOK, D. G. (1986): Life history notes. Serpentes. *Thamnophis sirtalis sirtalis* (Eastern garter snake). — Herp. Rev. 17 (2): 48.

COSTANZO, J. P. (1986): The bioenergetics of hibernation in the eastern garter snake (*Thamnophis sirtalis sirtalis*). — Physiol. Zool. 58: 682 – 692.

CONSTANZO, J. P. (1986): Influences of hibernaculum microenviroment on the winter life history of the garter snake (*Thamnophis sirtalis*). — Ohio J. Sci. 86 (5): 199 – 204.

CONSTANZO, J. P., L. C. DENNIS & R. E. LEE (1988): Natural freeze tolerance in a reptile. — Cryo Lett. 9 (6): 380 – 385.

COWAN, J. MC T. & W. B. M. HICK (1951): A comparative study of the myology of the head region in three species of *Thamnophis* (Reptilia, Ophidia). — Trans. Roy. Soc. Can. 3: 19 – 60.

CREWS, D. (1977): Hormonal control of male courtship behaviour and female attractivity in the garter snake (*Thamnophis sirtalis sirtalis*). — Hormones Behav. 7 (4): 451 – 460.

CREWS, D. & W. R. GARSTKA (1982): The ecological physiology of a garter snake. — Scientific Am. 247 (5): 136 – 144.

CREWS, D., B. CAMAZINE, M. DIAMOND, R. MASON, R. R. TAKARZ & W. R. GARSTKA (1984): Hormonal independence of courtship behaviour in the male garter snake. — Hormones Behav. 18 (1): 29 – 41.

CREWS, D., DIAMOND, M .A., WHITTIER, J & R. MASON (1985): Small male body size in garter snake (*Thamnophis sirtalis parietalis*) depends on testes. — Amer. J. Physiol. 249, Part 2: 62 – 66.

CREWS, D., V. HINGORANI & R. J. NELSON (1988): Role of pineal gland of the control annual reproductive behavioural and physiological cycles in red-sided garter snake (*Thamnophis sirtalis parietalis*). — J. Biol. Rhythm. 3 (3): 293 – 302.

CREWS, D., M. GRASSMAN, W. R. GARSTKA, A. HALPERN & B. CAMAZINE (1987): Sex and seasonal differences in metabolism in the red-sided garter snake, *Thamnophis sirtalis parietalis*. — Can. J. Zool. 65: 2362 – 2368.

CUNNINGHAM, J. D. (1955): Arboreal habits of certain reptiles and amphibians in southern California. — Herpetologica 11: 217 - 220.

CZAPLICKI, J. A., R. H. PORTER & H. C. WILCOXON (1975): Olfactory mimicry involving garter snake and artificial models and mimics. — Behaviour 54: 60 - 71.

DALRYMPLE, G. H. & N. G. REICHENBACH (1984): Management of an endangered species of snake in Ohio, USA. — Biol. Conserv. 30: 195 - 200.

DALRYMPLE, G. H., T. M. STEINER, R. J. NODELL & F. S. BERNARDIO, JR. (1991): Seasonal activity of the snakes of Long Pine Key, Everglades National Park. Copeia 1991: 294 - 302.

DALY, J. J. (1984): Alterations in the plasma membranes of Hepatozoon-infected snake erythrocytes as evidenced by differential staining. — J. Parasitol. 70 (1): 151 - 153.

DE ESPINOSA, N. C. (1977): New record of colubrid snakes from Peru, with notes on their ecology and distribution. — Herp. Rev. 8 (3), Suppl. 3 (Abstracts).

DESSAUER, H. C., C. GANS & D. F. GARTSIDE (1976): Protein evidence on the genetic diversity and affinities of uropeltide snakes. — Amer. Zoologist 16: 268.

DESSAUER, H. C., J. E. CADLE & R. LAWSON (1987): Patterns of snake evolution suggested by their proteins. — Zoology 34: 34 p.

DEVINE, M. C. (1977): Chemistry and source of sex-attractant pheromones and the role in male discrimination by garter snakes. — Diss. Abstr. int. (B): 2569.

DITMARS, R. L. (1951): The Reptiles of North America. — Doubleday & Comp. Inc., Garden City, New York, 306 p.

DIX, M. W. (1968): Snake food preference: innate intraspecific geographic variation. — Science 159: 1478 - 1479.

DIXON, J. R., M. SABBATH & R. WORTHINGTON (1962): Comments of snakes from central and western Mexico. — Herpetologica 18 (2): 91 - 100.

DOUGLAS, CH. L. (1966): Amphibians and reptiles of Mesa Verde National park, Colorado. — Univ. Kansas Publ. Mus. Nat. Hist. 15 (15): 711 - 744.

DOWLING, H. G. (1951): A proposed standard system of counting ventrals in snakes. — Brit. J. Herpetol. 1 (5): 97 – 99.

DOWLING, J. M. & J. M. SAVAGE (1960): A guide to the snake hemipenis: a survey of basic structure and systematic characteristics. — Zoologica 45 (1): 17 – 28.

DRUMMOND, H. & G. W. WOLFE (1981): An observation of a diving beetle larva (Insecta: Coleoptera: *Dytiscidae*) attacking and killing a garter snake, *Thamnophis elegans* (Reptilia: Serpentes: *Colubridae*). — Coleopt. Bull. 35 (1): 121 - 124.

DRUMMOND, H. & BURGHARDT, G. M. (1983): Geographic variations in the foraging behaviour of the garter snake, *Thamnophis elegans*. — Behaviour 86: 1 – 30.

DUELLMAN, W. E. (1958): The amphibians and reptiles of Michoacan, Mexico. — Univ. Kansas Publ. Mus. Natl. Hist. 15: 1 - 148.

DUELLMAN, W. E., T. FRITTS & A. E. LEVINTON (1978): Museum acronyms. — Herp. Rev. 9 (1): 5 – 9.

DUELLMAN, W. E. & L. TRUEB (1986): Biology of Amphibians. — McGraw-Hill Book Comp., New York, St. Louis, San Francisco, 670 p.

DUNLAP, K. D. & J. W. LANG (1990): Offspring sex ratio varies with maternal size in the common garter snake, *Thamnophis sirtalis*. —Copeia 1990: 568 - 570.

EBERLE, W. G. (1972): Comparative chromosomal morphology of the New World natricine snakes genera Natrix and Regina. — Herpetologica 28: 98 - 105.

EBERT, L. & J. R. LITTLE (1940): Amphibians and reptiles of the Roosevelt Reservoir area, Arizona. — Copeia 1940: 260 - 265.

ELKAN, E. (1977): zit. in H. H. REICHENBACH-KLINKE: Krankheiten der Reptilien. — Fischer, Jena: 11 - 12.

ENGELMANN, W.-E. & F.-J. OBST (1981): Mit gespaltener Zunge. — Edition, Leipzig, 217 S.

ENGELMANN, W.-E., J. FRITZSCHE, R. GÜNTHER & F.-J. OBST (1985): Lurche und Kriechtiere Europas. — Neumann Verl., Leipzig, Radebeul, 420 S.

EVANS, H. E. & R. M. ROECKER (1951): Notes of herpetology of Ontario, Canada. — Herpetologica 7: 69 – 71.

FAHNESTOCK, G. R. (1985): Macroacanthorhynchiasis in dogs. — Mod. vet. Pract. 66 (2): 81 – 83.

FARR, D. R. & P. T. GREGORY (1991): Sources of variation in estimating litter characteristics of the garter snake, *Thamnophis elegans*. — J. Herpetol. 25 (3): 261 – 268.

FERGUSON, M. W. (1984): The structure, development and evolution of reptiles. — Festschrift Symposia of Zoological Society of London, Academic Press, London: 357 - 347.

FISCHER, H.-D. (1970): Haltung von Strumpfbandnattern. — Aquarien Terrarien 5: 167.

FITCH, H. S. (1940): A biogeographical study of the ordinoides-Artenkreis of garter snakes (Genus *Thamnophis*). — Univ. Calif. Publ. Zool. 44: 1 - 149.

FITCH, H. S. (1941): Geographic variation in garter snakes of the North America. — Amer. Midl. Nat. 26: 570 – 592.

FITCH, H. S. (1948): Further remarks concerning *Thamnophis ordinoides* and its relatives. — Copeia 1948: 121 - 126.

FITCH, H. S. (1956): Temperature responses in free-living amphibians and reptiles of northeastern Kansas. — Univ. Kansas Publ. Mus. Nat. Hist. 8: 417 – 476.

FITCH, H. S. & T. P. MASLIN (1961): Occurrence of the garter snake, *Thamnophis sirtalis*, in the Great Plains and Rocky Mountains. — Univ. Kansas Publ. Mus. Nat. Hist. 13: 289 – 308.

FITCH, H. S. (1965): An ecological study of the garter snake, *Thamnophis sirtalis.* — Univ. Kansas Publ. Mus. Nat. Hist. 15: 351 – 468.

FITCH, H. S. (1970): Reproductive cycles of lizards and snakes. — Univ. Kansas Publ. Mus. Nat. Hist. 52: 1 – 247.

FITCH, H. S. (1980): Remarks concerning certain western garter snakes of the *Thamnophis elegans* complex. — Trans. Kansas Acad. Sci. 83 (3): 106 – 113.

FITCH, H. S. (1981): Sexual size differences in reptiles. — Univ. Kansas Mus. Nat. Hist. Miscell. Publ. 70.: 1 – 72.

FITCH, H. S. (1983): *Thamnophis elegans* (BAIRD & GIRARD). — Cat. Amer. Amph. and Rept. 320: 1 – 4.

FITCH, H. S. (1985): Variation in clutch and litter size in New World reptiles. — Univ. Kansas Miscell. Publ. 76.: 1 – 76

FLEHARTY, E. D. (1964): Comparative ecology of three species of New Mexican garter snakes (genus *Thamnophis*). — Diss. Abstr. 24: 3471 – 3472.

FLEHARTY, E. D. (1967): Comparative ecology of *Thamnophis elegans*, *Thamnophis cyrtopsis*, and *Thamnophis rufipunctatus* in New Mexico. — Southwest Nat. 12: 207 – 230.

FORD, N. B. & C. W. SCHOFFIELD (1984): Species specificity of sex pheromone trails in the plains garter snake, *Thamnophis radix*. — Herpetologica 40: 51 – 55.

FORD, N. B. & J. P. KARGES (1985): Reproduction in the checkered garter snake, *Thamnophis marcianus*, from southern Texas (USA) and northeastern Mexico: Seasonality and evidence for multiple clutches. — Southwest Nat. 32 (1): 93 – 102.

FORD, N. B. & R. A. SEIGEL (1989): Phenotypic plasticity in reproductive trails: evidence from a viviparous snake. — Ibid. 70: 1768 – 1774.

FORD, N. B. & V. COBB (1992): Timing of the courtship in two colubrid snakes of the southern United States. Copeia 1992: 573 – 577.

FOUQUETTE, M. R. & D. A. ROSSMAN (1963): Noteworthy records of Mexican amphibians and reptiles in the Florida State Museum and the Texas Naturalo History Collection. - Herpetologica 19: 185 – 201.

FOX, W. (1948a): The relationship of the garter snake *Thamnophis ordinoides*. — Copeia 1948: 649 – 658.

FOX, W. (1948b): Effect of temperature on development of scutellation in the garter snake, *Thamnophis elegans atratus*. — Copeia 1948: 252 – 262.

FOX, W. (1951a): Relationship among the garter snakes of *Thamnophis elegans*-Rassenkreis. — Univ. California Publ. Zool. 50: 485 – 530.

FOX, W. (1951b): The status of the garter snake, *Thamnophis sirtalis tetrataenia*. — Copeia 1951: 649 – 658.

FOX, W. (1952): Seasonal variation in the male reproductive system of Pacific Coast garter snakes. — J. Morph. 90: 415 – 554.

FOX, W. (1954): Genetic and environmental variation in the timing of the reproductive cycles of male garter snakes. — J. Morph. 90: 481 – 554.

FOX, W. (1955): Mating aggregations of garter snakes. — Herpetologica 11: 176.

FOX, W. (1956): Seminal receptacles of snakes. — Anat. Rec. 124: 519 – 539.

FOX, W., M. H. FOX & CH. GORDON (1961): Morphological effects of low temperatures during the embryonic development of garter snake, *Thamnophis elegans*. — Zoologica 46: 57 – 71.

FRITZSCHE, J. (1981): Das praktische Terrarienbuch. — Neumann Verl., Leipzig, Radebeul, 217 S.

FRYE, F. L. (1991): Biomedical and Surgical Aspects of Captive Reptile Husbandry. Vol. 1., sec. ed. — Krieger Publishing Comp., Malabar.

GARDNER, J. B. (1951): A ball of garter snakes. — Copeia 1951: 310.

GARSTKA, W. R., D. CREWS & R. WILLIAM (1970): Female sex pheromone in the skin and circulation of a garter snake. — Science 214: 681 – 683.

GARSTKA, W. R. & D. CREWS (1982): Metabolic changes in male snakes, *Thamnophis melanogaster*. — Comp. Biochem. Phys. (A) 74: 807 – 811.

GARSTKA, W. R. (1985): Male preference in garter snake. — Herpetologica 41: 9 – 19.

GARTSIDE, D. F., H. C. DESSAUER & J. S. ROGERS (1977): Speciation with little genetic and morphological differentiation in the ribbon snakes, *Thamnophis sauritus*. — Copeia 1977: 697 – 705.

GEBHARDT, L. P., G. J. STANTON & S. DE ST. JOER (1966): Transmission of WWE-virus to snake by infected *Culex tarsalis* mosquitoese. — Proc. Soc. Biol. Med. 123: 233 – 235.

GEHLBACH, F. R. (1965): Herpetology of the Zuni Mountain region, northwestern New Mexico. — Proc. U.S. Natl. Mus. Zool. 116: 243 – 332.

GEHLBACH, F. R., J. C. KROLL & J. F. WATKINS (1971): Pheromone trail-following studies of thyphlobid, leptothyphlobid and colubrid snakes. — Behaviour 40: 282 – 294.

GEORGE, D. W. & H. C. DESSAUER (1970): Immunbiological correspondence of transferrins and the relationship of colubrid snakes. — Comp. Bioch. Phys. 33: 617 – 627.

GORDON, O. R. (1967): The occurrence of *Thamnophis sirtalis* and *Thamnophis radix* in the prairie-forest ecotone west of Itasca State Park, Minnesota. — Herpetologica 23: 303 – 308.

GRAVES, B. M. & DUVALL, D. (1990): Spring emergence patterns of Wandering garter snakes and Prairie rattlesnakes in Wyoming. — J. Herpetol. 24 (4): 351 – 356.

GREGORY, P. T. (1974): Patterns of spring emergence of the red-sided garter snake (*Thamnophis sirtalis parietalis*) in the Interlake region of Manitoba. — Can. J. Zool. 52: 1063 – 1069.

GREGORY, P. T. (1975): Aggregations of gravid snakes in Manitoba, Canada. — Copeia 1975: 185 – 186.

GREGORY, P. T. (1977): Life history observations of three species of snakes in Manitoba. — Can. Fld. Nat. 91: 19 – 27.

GREGORY, P. T. (1984a): Habitat, diet, and composition of assemblages of garter snakes (*Thamnophis*) at eight sites on Vancouver Island. — Can. J. Zool. 62: 2013 – 2022.

GREGORY, P. T. (1984b): Communal denning in snakes. — Spec. Publ. Univ. Kansas Mus. Natl. Hist. 10: 57 – 75.

GREGORY, P. T. (1984c): Correlation between body temperature and environmental factors and their variations with activity in garter snakes (*Thamnophis*). — Can. J. Zool. 62: 2244 – 2249.

GREGORY, P. T. (1990): Temperature differences between head and body in garter snakes (*Thamnophis*) at a den in Central British Columbia. - J. Herpetol. 24 (3): 241 – 245.

GREGORY, P. T. & K. W. STEWART (1976): Long distance dispersal and feeding strategy of the red-sided garter snake (*Thamnophis sirtalis parietalis*) in the Interlake of Manitoba. — J. Herpetol. 53: 238 – 245.

GREGORY, R. T., L .A. GREGORY & J. M. MACARTNEY (1983): Colorpattern variation in *Thamnophis melanogaster*. — Copeia 1983: 530 – 534.

GREGORY, P. T. & K. W. LARSEN (1993): Geographic variation in reproductive characteristics among Canadian populations of the common garter snake (*Thamnophis sirtalis*). — Copeia 1993: 946 – 958.

GROVES, J. D. (1966): Notes on xanthic eastern garter snake, *Thamnophis sirtalis sirtalis*. — Bull. Mdl. Herp. Soc. 2 (3): 8.

GROVES, J. D. (1976): An albino garter snake, *Thamnophis sirtalis*, from Pennsylvania. — Bull. Philadelphia Herp. Soc. 24: 21 – 22.

GROVES, J. D. & D. BOYER (1972): A blue *Thamnophis sirtalis sirtalis* from Maryland. — Bull. Mdl. Herp. Soc. 8 (3): 80.

HALFORD, D. K. & J. B. MILLARD (1978): Vertebrate fauna of a radioactive leaching pond complex in southeastern Idaho. — Great Basin Nat. 38 (1): 51 – 54.

HALLOWELL, E. (1852): Description of new species of reptiles inhabiting North America. — Proc. Acad. Nat. Sci. Philadelphia 6: 177 – 182.

HANSEN, R. W. & G. E. HANSEN (1990): *Thamnophis gigas* (Giant garter snake). Reproduction. — Herp. Rev. 21 (4): 93 – 94.

HARTWEG, N. & J. A. OLIVER (1983): A contribution to the herpetology of the Isthmus of Tehuantepec. III. Three new snakes from the Pacific slope. — Occ. Pap. Mus. Zool. Univ. Michigan 390: 1 – 8.

HAUBOLD, H. & O. KUHN (1981): Lebensbilder und Evolution fossiler Saurier. — Neue Brehm-Bücherei, A. Ziemsen-Verl., Wittenberg, 171 S.

HAWLEY, A. & M. ALEKSIUK (1975): Thermal regulation of spring mating behaviour in the red-sides garter snake (*Thamnophis sirtalis parietalis*). — Can. J. Zool. 53 (6): 768 – 776.

HAYES, F. E. (1989): Antipredator behaviour of recently metamorphophosed toads (Bufo a. americanus) during encounters with garter snakes (*Thamnophis s. sirtalis*). — Copeia 1989: 1011 – 1015.

HAYES, F. E. & W. S. BAKER (1986): Life history notes. Serpentes. *Thamnophis couchi hammondi* (two striped garter snake). — Herpet. Rev. 17 (1): 22 – 23.

HAYES, W. K. & F. E. HAYES (1986): Human envenomation from the bite of the eastern garter snake, *Thamnophis sirtalis sirtalis* (Serpentes: *Colubridae*). — Toxicon 23 (4): 719 – 721.

HEBART, W. B. (1950): Relationships and variation in the garter snakes, genus *Thamnophis*, of the Puget Sound region of Washington State. — Herpetologica 6: 97 – 101.

HECKROTTE, C. (1976): Temperature and light effects on the circadian rhythm and locomotary activity of the plains garter snake (*Thamnophis radix haydeni*). — J. interdiscipl. Cycle Res. 6 (4): 279 – 290.

HELLER, S. & M. HALPERN (1981): Laboratory observations on conspecific and congenetic scent trailing in garter snakes (*Thamnophis*). — Behav. Neuro. Biol. 33: 372 – 377.

HENDERSON, R. W. & C. G. HOEVERS (1976): A checklist and key to the amphibians and reptiles of Belize. — Contrib. Biol. Geol. Milwaukee Publ. Mus. 5: 1 – 63.

HENDERSON, R. W. (1977): The seasonal incidence of snakes at a locality in northern Belize. — Copeia 1977: 228 – 234.

HERZOG, H. A. & G. M. BURGHARDT (1986): Development of antipredator responses in snake: 1. Defensive and open-field behaviours in newborns and adults of three species of garter snake (*Thamnophis melanogaster, Thamnophis sirtalis, Thamnophis butleri*). — J. Comp. Psychol. 100 (4): 372 – 379.

HIDALGO, H. (1981): Additions to the snake fauna of El Salvador. — Herpet. Rev. 12 (2): 67 – 68.

HOLMAN, J. A. (1968): Upper Pliocene snakes from Idaho. — Copeia 1968: 152 – 158.

IPPEN, R., K. ELZE & H.-D. SCHRÖDER (1985): Handbuch der Zootierkrankheiten. Band 1: Reptilien. — Akademie-Verl. Berlin.

JACOB, J. S. & C. W. PAINTER (1980): Overwinter thermal ecology of *crotalus viridis* in the north-central plains of New Mexico. — Copeia 1980: 799 – 805.

JAMES, D. K., A. H. JAMES, T. L. PATTERSON & L. PETRONOVICH (1983): Predation of whitecrowned sparrow nestlings by the Western terrestrial garter snake in San Francisco, California. — Copeia 1983: 511 – 513.

JANSEN, D. W. (1983): A possible function of the secretion of Duvernoy's gland. — Copeia 1983: 262 – 264.

JANSEN, D. W. (1987): The myonecrotic effect of Duvernoy's gland secretion of the snake *Thamnophis elegans vagrans*. — J. Herpetol. 21 (1): 81 – 83.

JANSEN, D. W. & R. C. FOEHRING (1983): The mechanism of venom secretion from Duvernoy's gland of the snake *Thamnophis sirtalis*. — J. Morph. 175 (3): 218 – 271.

JENNINGS, W. B., D. F. BRADFORD & D. F. JOHNSON (1992): Dependence of the garter snake *Thamnophis elegans* on amphibians in the Sierra Nevada of California. - J. Herpetol. 26 (4): 503 – 505.

JOHNSON, L. F., J. S. JACOB & P. TORRANCE (1982): Annual testicular and androgenetic cycles of cottonmouth (*Agkistrodon piscivorus*) in Alabama. — Herpetologica 38: 16 – 25.

JORDAN, O. R. (1967): The occurrence of *Thamnophis sirtalis* and *Thamnophis radix* in the prairie-forest ecotone west of Itasca State Park, Minnesota. — Herpetologica 23: 303 – 308.

KEASEY, M. S. (1969): Some records of reptiles at the Arizona-Sonora desert Museum. — Int. Zoo Yearbook 9: 8 – 9.

KENNICOTT, R. (1860): Description of North American serpents in the museum of the Smithsonian Institution, Washington, D.C. — Proc. Acad. Nat. Sci. Philadelphia 12: 328 – 338.

KIRK, J. J. (1983): Live history notes. Serpentes. *Thamnophis ordinoides* (Northwestern garter snake). — Herpet. Rev. 14 (1): 22.

LANCE, V. (1984): Endocrinology of reproduction in male reptiles. — Symp. Zool. Soc. London 52: 357 – 383.

LARA-GANGORA, G. (1986): New distributional records from some Mexican reptiles and amphibians. — Bull. Mdl. herp. Soc. 22 (2): 62 – 67.

LARSEN, K. W. (1987): Movements and behaviour of migratory garter snake, *Thamnophis sirtalis*. — Can. J. Zool. 65 (9): 2241 – 2247.

LARSEN, K. W. & P. T. GREGORY (1989): Population size and survivorship of the common garter snake, *Thamnophis sirtalis*, near the northern limit of its distribution. — Holarct Ecol. 12 (2): 81 – 86.

LARSEN, K. W. & J. F. HARE (1992): Criddle's Riddle: Where do young garter snakes hibernate? — Herp. Rev. 23 (2): 39 – 40.

LARSEN, K. W. & P. T. GREGORY (1993): Reproductive ecology of the common garter snake *Thamnophis sirtalis* at the northern limit of its range. — Am. Midl. Nat. 129: 336 – 345.

LAWSON, P. A. & D. M. SECOY (1991): The use of solar cues as migratory guide by the plains garter snake, *Thamnophis radix*. — Can. J. Zool. 69 (10): 2700 – 2702.

LAWSON, R. (1986): Molecular systematics of some old world *Natricinae* snakes. — Studies in Herpetol.: 227 – 234.

LAWSON, R. (1987): Molecular studies of Thamnophiine snakes: 1. The phylogeny of the genus *Nerodia*. - J. of Herp. 21 (2): 140 – 157.

LIND, A. J. & H. H. WELSH (1990): Predation by *Thamnophis couchi* on *Dicamptodon ensatus*. — J. Herpetol. 24 (1): 104 – 106.

LOWE, C. H. (1955): Generic status of the aquatic snake *Thamnophis angustirostris*. — Copeia 1955: 307 – 309.

LÜDICKE, M. (1962, 1964): Serpentes. In: Handbuch Zool. 7, 1. Hälfte, 5. u. 6. Lfg.

MALNATE, E. V. (1960): Systematic division and evolution of the colubrid snake Natrix with comments on the subfamily *Natricinae*. — Proc. Acad. Nat. Sci. Philadelphia 112: 41 – 71.

MARCIAS GARCIA, C. & H. DRUMMOND (1988): Seasonal and ontogenetic variation in the diet of the Mexican garter snake, *Thamnophis eques*, in Lake Tecocomulco, Hidalgo (Mexico). — J. Herpetol. 22 (2): 129 – 134.

MARCIAS GARCIA, C. & H. DRUMMOND (1990): Population differences in fish-capturing ability of the Mexican aquatic garter snake (*Thamnophis melanogaster*). — J. Herpetol. 24 (4): 412 – 416.

MARCUS, L. C. (1983): Amphibien und Reptilien im Heim, Labor und Zoo. — Enke Verl., Stuttgart.

MARTIN, P. S. (1957): A biogeography of reptiles and amphibians in the Gomes Farias region, Tamaulipas, Mexico. — Misc. Publ. Mus. Zool. Univ. Michigan 101: 1 – 102.

MARX, H. (1958): Catalogue of type specimes of reptiles and amphibians in Chicago Natural History Museum. — Fieldiana: Zoology 36 (4): 493 – 495.

MASON, R. T. & D. CREWS (1985): Female mimicry in garter snakes. — Nature 316 (6023): 59 – 60.

MATTLIN, R. A. (1946): A little of *Thamnophis sirtalis sirtalis*. — Herpetologica 4: 149.

MAYR, E. (1963): Animal species and evolution. — Harvard Univ. Press, Cambridge, 797 p.

MAYR, E. (1967): Artbegriff und Evolution. — Verlag P. Parey, Hamburg.

MCGUIRE, J. A. & L. L. GRISMER (1993): The taxonomy and biogeography of *Thamnophis hammondii* and *T. digueti* (Reptilia: Squamata: *Colubridae*) in Baja California, Mexico. — Herpetologica, 49 (3): 354 – 365.

MEYER, J. R. & L. D. WILSON (1971): Taxonomic studies and notes on some Honduran amphibians and reptiles. — Bull. So. California Acad. Sci. 70: 106 – 114.

MINTON, S. A. & S. WEINSTEIN (1987): Colubrid snake venoms: Immunologic relationship, electrophoretic patterns. — Copeia 1987: 993 – 1000.

MÜLLER, A. H. (1985): Lehrbuch der Paläozoologie. Band III, Teil 2: Vertebraten, Reptilien und Vögel, 2. Aufl. — Fischer, Jena, 665 S.

MURRAY, K. F. (1955): Herpetological collections from Baja California. — Herpetologica 11: 33 – 48.

MURRISH, D. E. & V. J. VANCE (1968): Physiological responses to temperature acclimation in the lizard *Uta mearnsi*. — Comp. Biochem. Physiol. 27: 329 – 337.

MUTSCHMANN, F. (1992): *Thamnophis butleri* und *Thamnophis ordinoides* - zwei terrestrische Strumpfbandnattern im Terrarium. — DATZ 45 (6): 372 – 374.

NEIL, W. T. & R. ALLEN (1961): Colubrid snakes (*Tantilla, Thamnophis, Tropidodipsas*) from British Honduras and nearby areas. — Herpetologica 17: 90 – 98.

NORMAN, B. R. (1978): Hybridisation in the *Thamnophis* of western Washington. — Bull. Chicago herp. Soc. 13 (3): 82 – 84.

PERRY-RICHARDSON, J. J., C. W. SHOFIELD & N. B. FORD (1990): Courtship of the garter snake, *Thamnophis marcianus*, with a description of a female behaviour for coitus interruption. — J. Herpetol. 24 (1): 76 – 78.

PETERS, J. A. & B. OREJAS-MIRANDA (1970): Catalogue of the neotropical squamata: Part 1. Snakes. — Bull. U.S. Natl. Mus.: 302 – 303.

PETERSON, C. R. & H. J. FABIAN (1984): Life history notes. — Serpentes: *Thamnophis elegans vagrans* (Wandering garter snake). Coloration. — Herpet. Rev. 15 (4): 113.

PETRANKA, J. W. (1984): Incubation, larval growth, and embryonic and larval survivorship of smallmouth salamanders (*Ambrystoma texanum*) in streams. — Copeia 1984: 862 – 867.

PETZOLD, H. G. (1978): Reptilien und Amphibien im »Red Data Book« der IUCN. — Aquarien Terrarien 25: 386 – 387.

PETZOLD, H. G. (1979): Reptilien und Amphibien im »Red Data Book« der IUCN. — Aquarien Terrarien 26: 319 – 320.

PETZOLD, H. G. (1983): Die Anacondas. — Die Neue Brehm-Bücherei Bd. 554, Ziemsen Verl., Wittenberg, 142 S.

PETZOLD, H. G. (1984): Aufgaben und Probleme bei der Erforschung der Lebensäußerungen der Niederen Amnioten (Reptilien). — BINA, Berlin, 786 S.

PISANI, G. R. (1967): Notes of the courtship and mating behaviour of *Thamnophis brachystoma*. — Herpetologica 23: 112 – 115.

RAHN, H. (1940): Sperm viability in the uterus of the garter snake, *Thamnophis sirtalis sirtalis*. — Copeia 1940: 109 – 115.

REICHENBACH-KLINKE, H. H. (1977): Krankheiten der Reptilien. — Fischer, Jena, 228 S.

RICHES, R. J. (1967): Early maturity in garter snake (*Thamnophis elegans elegans*). — Brit. J. Herpet. 4: 16 – 17.

ROMER, A. S. (1976): The osteology of the reptiles. — 3. Edit., Univ. Chicago Press.

ROSEN, PH. C. (1991): Comparative field study of thermal preferenda in garter snakes (*Thamnophis*). — J. Herpetol. 25 (3): 301 – 312.

ROSENBERG, H. J., A. BDOLAK & E. KOCHVA (1985): Lethal factors and enzymes in the secretion from Duvernoy's gland of three colubrid snakes. — J. Exp. Zool. 233 (1): 5 – 14.

ROSSMAN, D. A. (1963a): Relationships of the elegans complex of the garter snake, genus *Thamnophis*. — Yearbook Amer. Philos. Soc.: 347 – 348.

ROSSMAN, D. A. (1963b): The colubrid snake genus *Thamnophis*: a revision of the *sauritus* group. — Bull. Florida St. Mus. (Biol. Sci.) 7: 99 – 178.

ROSSMAN, D. A. (1965): Identity and relationships of the Mexican garter snake *Thamnophis sumichrasti* (COPE). — Copeia 1965: 242 – 244.

ROSSMAN, D. A. (1966): Evidence for conspecificity of the Mexican garter snakes *Thamnophis phenax* (COPE) and *Thamnophis sumichrasti* (COPE). — Herpetologica 22: 303 – 305.

ROSSMAN, D. A. (1969): A new natricine snake of the genus *Thamnophis* from northern Mexico. — Occ. Pap. Mus. Zool. Louisiana St. Univ. 39: 1 – 4.

ROSSMAN, D. A. (1971): Systematics of the neotropical populations of *Thamnophis marcianus* (Serpentes, Colubridae). — Occ. Pap. Mus. Zool. Louisiana St. Univ. 41: 1 – 13.

ROSSMAN, D. A. (1979): Morphological evidence for taxonomic partitioning of the *Thamnophis elegans* complex (Serpentes: *Colubridae*). — Occ. Pap. Mus. Zool. Louisiana St. Univ. 55: 1 – 12.

ROSSMAN, D. A. (1992): Taxonomic status and relationship of the Tamaulipan montane garter snake, *Thamnophis mendax* WALKER, 1955. — Proc. Louisiana Acad. Sci. 55: 1 – 14.

ROSSMAN, D. A. & W. G. EBERLE (1978): Portition of the genus *Natrix*, with preliminary observations on the evolutionary trends in natricine snakes. — Herpetologica 33: 33 – 43.

ROSSMAN, D. A. & G. R. STEWART (1987): Taxonomic reevalution of *Thamnophis couchi* (Serpentes: Colubridae). — Occ. Pap. Mus. Zool. Louisiana St. Univ. 63: 1 – 25.

ROSSMAN, D. A., F. A. LINER, C. H. TREVINO & A. H. CHANEY (1989): Redescription of the garter snake *Thamnophis exsul* ROSSMAN, 1969 (Serpentes: *Colubridae*). — Proc. Biol. Soc. Wash. 102 (2): 507 – 514.

RUSSELL, A .P. & A. M. BAUER (1990): The Amphibians and Reptiles of Alberta: A Field Guide and Primer of Boreal Herpetology. — (in Vorbereitung).

RUTHVEN, A. G. (1908): Variations and genetic relationships of the garter snakes. — Bull. U.S. Natl. Mus. 61: 201 p.

SASSENBURG, L. (1971): Zucht und Aufzucht wasserliebender Nattern bei Terrarienhaltung. — Dipl.-Arbeit, Humboldt-Univ. Berlin.

SASSENBURG, L. (1983): Beiträge zur Physiologie und Pathologie der Fortpflanzung in Gefangenschaft gehaltener Reptilien aus der Sicht des praktisch tätigen Tierarztes. — Vet. med. Diss., Humboldt-Univ. Berlin.

SAVAGE, P. A. (1960): Review of the San Francisco Bay-region. — Copeia: 78.

SMITH, H. M. & E. H. TAYLOR (1945): An annoted checklist and key to the snakes of Mexico. — Smithsonian Instit., Washington D.C.: pp. 158 – 169.

SCHMIDT, D. (1979): Schlangen im Terrarium. — AT-Ratgeber 9, Urania, Leipzig, Jena, Berlin, 87 S.

SCHMIDT, D. (1986): Strumpfbandnattern, *Thamnophis*. — Aquarien Terrarien 33: 23 – 26.

SCHMIDT, D. (1989): Vermehren von Terrarientieren: Schlangen. — Urania, Leipzig, Jena, Berlin, 184 S.

SCHWARTZ, J. M. (1985): Life history notes, *Thamnophis sirtalis sirtalis* (eastern garter snake). Cannibalism. — Herpet. Rev. 16 (4): 112.

SEIGEL, R. A., J. T. COLLINS & S. S. NOVAK (1987): Snakes: Ecology and Evolutionary Biology. — McMillian Co., New York.

SEIGEL, R. A. & N. B. FORD (1991): Phenotypic plasticity in the reproductive characteristics of an oviparous snake, *Elaphe guttata*: implications for live history studies. — Herpetologica 47: 301 – 307.

SHERMAN, K. (1986): More on garter snakes. — Victoria Nat. 43 (4): 23.

SHREVE, B. & C. GANS (1958): *Thamnophis bovalli* (Dunn) rediscovered (Reptilia, Serpentes). — Breviora 83: 1 – 8.

SMITH, H. M. (1942): The synonomy of the garter snakes (*Thamnophis*), with notes on Mexican and Central American species. — Zoologica 27: 97 – 123.

SMITH, H. M. (1946): Hybridization between two species of garter snakes. — Univ. Kansas Publ. Mus. Natl. Hist. 1 (4): 9 – 10.

SMITH, H. M. (1951): The identity of the ophidian name Coluber eques Reuss. — Copeia 1951: 138 – 140.

SMITH, H. M. (1955): Effect of preservatives upon pattern in a Mexican garter snake. — Herpetologica 11: 165 – 168.

SMITH, H. M. & B. B. BROWN (1946): The identity of certain specific names in *Thamnophis*. — Herpetologica 3: 71 – 72.

SMITH, H. M., C. W. NIXON & P. W. SMITH (1950): Mexican and Central American garter snakes (*Thamnophis*) in the British Museum (Natural History). — Linn. Soc. J. Zool. 41: 571 – 584.

SMITH, H. M., D. A. LANGEBARTEL & K. L. WILLIAMS (1964): Herpetological type-specimens in the University of Illinois Museum of Natural History. — Illin. Biol. Monogr. 32, Univ. Illin. Press.: 80 p.

STEBBINS, R. C. (1954): Amphibians and Reptiles of Western North America. — McGraw-Hill Book Co., Inc., 528 p.

STEBBINS, R. C. (1966): A Field Guide to Western Reptiles and Amphibians. — Peterson Fld. guide Ser., Hught. Mifflin Co., Boston, 270 p.

STEEHOUDER, A. M. (1983): Breeding results, *Thamnophis radix butleri* x *Thamnophis sirtalis parietalis*. — Lit. Serpentium 3: 169 – 170.

STEVENSON, R. D., R. JOYCE, CH. PETERSON & S. TSUJI (1985): The thermal dispence of locomotion, tongue flicking, digestion and oxygen consumption in the wandering garter snake (*Thamnophis elegans*). — Phys. Zool. 58: 46 – 57.

STEWART, G. R. (1965): Thermal ecology of the garter snakes *Thamnophis sirtalis concinnus* (HALLOWELL) and *Thamnophis ordinoides* (BAIRD & GIRARD). — Herpetologica 21: 81 – 102.

STEWART, G. R. (1968): Some observations on the natural history of two Oregon garter snakes (genus *Thamnophis*). — J. Herpetol. ?: 71 – 86.

STEWART, R. J., D. G. BLACKBURN, D.C. BAXTER & L. H. HOFFMANN (1990): Nutritional provision to embryos in a predominantly lecitrophic placental reptile, *Thamnophis ordinoides* (Squamata: Serpentes). — Phys. Zool. 63 (4): 722 – 734.

STUART, L. C. (1963): A checklist of the herpetofauna of Guatemala. — Misc. Publ. Mus. Zool. Univ. Michigan 122: 1 – 150.

SZIDAT, H. (1968): Eine Methode zur Erkennung des Geschlechtes bei Squamaten. — Zool. Garten 35 (6): 281 – 287.

TANNER, W. W. (1950): Variation in the scale and color pattern of the wandering garter snake, in Utah and southern Idaho. — Herpetologica 6: 194 – 196.

TANNER, W. W. (1959): A new *Thamnophis* from western Chihuahua with notes on four other species. — Herpetologica 15: 165 – 172.

TANNER, W. W. (1985): Snakes of western Chihuahua. — Great Basin Nat. 45: 615 – 676.

TANNER, W. W. (1988): Status of *Thamnophis sirtalis* in Chihuahua, Mexico (Reptilia: Colubridae). — Great Basin Nat. 48 (4): 499 – 507.

TANNER, W. W. & CH. H. LOWE (1989): Variations in *Thamnophis elegans* with description of new subspecies. — Great Basin Nat. 49 (4): 511 – 516.

TAYLOR, E. H. (1940): Two new snakes of the genus *Thamnophis* from Mexico. — Herpetologica 1: 183 – 189.

THOMPSON, F. G. (1957): A new Mexican garter snake (genus *Thamnophis*) with notes on related forms. — Occ. Pap. Mus. Zool. Univ. Michigan 584: 1 – 10.

TINKLE, D. W. (1957): Ecology, maturation and reproduction of *Thamnophis sauritus proximus*. — Ecology 38: 69 – 77.

TINKLE, D. W. & J. W. GIBBONS (1977): The distributions and evolutions of viviparity in reptiles. — Misc. Publ. Mus. Nat. Hist. Univ. Michigan 154: 1 – 55.

TINKLE, D. W. & A. E. DUNHAM (1983): Demography of the tree lizard, *Urosaurus ornatus*, in central Arizona. — Copeia 1983: 585 – 598.

TRIPLEHORN, CH. A. (1955): Notes on the young of some North American reptiles. — Copeia 1955: 248 – 249.

UPTON, S. J. & C. T. MCALLISTER (1990): The Eimeria (Apicomplexa: *Eimeriidae*) of serpents, with description of three new species from colubrid snakes. — Can. J. Zool. 68 (5): 855 – 864.

VAN DENBURGH, J. (1924): Notes on the herpetology of New Mexico, with a list of the species known from the state. — Proc. California Acad. Sci. 1.: 189 – 250.

VAN DENBURGH, J. & J. SLEVIN (1918): The garter snakes of western North America. — Proc. California Acad. Sci. 8: 181 – 270.

VAN DEVENDER, T. R. (1973): Behaviour and disruptive coloration in the New Mexican garter snake *Thamnophis sirtalis ornata*. — Southwest Nat. 18: 247 – 248.

VEST, D. (1981a): The toxic Duvernoy's secretion of wandering garter snake (*Thamnophis elegans vagrans*). — Toxicon 19: 831 – 839.

VEST, D. (1981b): Envenomation following the bite of a Wandering garter snake (*Thamnophis elegans vagrans*). — Clin. Toxic. 18: 573.

VOGEL, Z. (1963): Wunderwelt Terrarium. — Urania, Leipzig, Jena, Berlin, 255 S.

WALKER, CH. F. (1955): A new garter snake (*Thamnophis*) from Tamaulipas, Mexico. — Copeia 1955: 110 – 113.

WANG, R. T. & M. HALPERN (1982): Neurogenesis in the vomeronasal epithelium of adult garter snake. 1. Degeneration of bipolar neurons and proliferation of undifferentiated cells following experimental vomeronasal axotomy. — Brain Res. Amst. 237: 23 – 29.

WEBB, R. G. (1966): Resurrected names for Mexican populations of black-necked garter snakes, *Thamnophis cyrtopsis* (KENNICOTT). — Tulane Stud. Zool. 13: 55 – 70.

Webb, R. G. (1978): A review of the Mexican garter snake *Thamnophis cyrtopsis postremus* with comments on *Thamnophis vicinus* SMITH. — Contr. Biol. Geol. Milwaukee Publ. Mus. 19: 1 – 13.

WEBB, R. G. (1980): *Thamnophis cyrtopsis* (KENNICOTT). — Cat. Amer. Amph. Rept. 245: 1 – 4.

WEBB, R. G. (1982): Taxonomic status of some Neotropical garter snakes. — Bull. St. California Acad. Sci. 81: 26 – 40.

WELDON, P. J. (1982): Responses to ophiophages snakes by snakes of the genus *Thamnophis*. — Copeia 1982: 788 – 794.

WELLER, W. F. (1983): Albino garter snake, *Thamnophis sirtalis sirtalis*, from Ontario. — Can. Fld. Nat. 97: 456.

WHITTIER, J. M., D. CREWS & R. T. MASON (1985): Mating in the Red-sided garter snake, *Thamnophis sirtalis parietalis*: differential effects on male and female sexual behaviour. — Behav. Ecol. Sociobiol. 16: 257 – 261.

WILLIAMS, K. L. & V. WALLACH (1989): Snakes of the World. Vol. 1: Synopsis of Snake Generic Names. — Krieger Publ. Comp., Malabar, Florida, 234 p.

WILLIS, L., C. C. CARPENTER & S. T. THREKELD (1982): Tailless fate of injured individuals. — Copeia 1982: 98 – 101.

WRIGHT, A. H. & A. A. WRIGHT (1957): Handbook of snakes of the United States and Canada. — Comstock Publ. Assoc., Cornell Univ. Press. Vol. 2: pp 565 – 1106.

YOUNG, B. A. (1989): The anatomy of the head of the red-sided garter snake, *Thamnophis sirtalis parietalis*, Part I, Osteology. — Zool. Jb. Anat. 118: 251 – 272.

ZEHR, D. R. (1962): Stages in the normal development of the common garter snake, *Thamnophis sirtalis sirtalis*. — Copeia 1962: 322 – 329.

ZERNECKE, E. (1906): Leitfaden für Aquarien- und Terrarienfreunde. — Quelle und Meyer, Leipzig, 456 S.

ZWEIFEL, R. G. (1981): Genetic of color pattern polymorphism in the California kingsnake. — J. Herpetol. 72: 238 – 244.

ZWEIFEL, R. G. & H. C. DESSAUER (1983): Multiple inseminations demonstrated experimentally in the kingsnake (*Lampropeltis getulus*). — Experimentia 39: 6 – 13.